環境の思想家たち 上

古代 - 近代編

ジョイ・A・パルマー編
須藤自由児訳

みすず書房

側注（右から左へ）:
序文
仏陀
荘子
アリストテレス
ウェルギリウス
アシジの聖フランシス
王陽明
ミシェル・ド・モンテーニュ
ベネディクト
芭蕉
ジャン・ジャック・ルソー
ヨハン・ヴォルフガング・フォン・ゲーテ
コリン・リオルダン

読者カード

返送された方には，新刊を案内した「出版ダイジェスト」（年4回　月・12月刊）を郵送させていただきます．

お求めいただいた書籍タイトル

ご購入のきっかけは

・このカードは当社刊行書のご注文にご利用下さい．
・必要事項と電話番号は必ずご記入ください．
＊近くに書店のない場合には直送もいたします．代金は宅配時に引き替えとなります．送料は注文冊数に関係なく380円です．

ご氏名		歳	男 ・ 女
ご住所	都・道・府・県　　市・区・郡		〒
電話　　−（　　）−		メール・アドレス	
ご購読新聞		ご職業	

購入申込書 （書店・直送）

書　名		定価	部数
書　名		定価	部数

ご指定書店名	取次
地　名	＊ここは小社で記入します

下——現代編◇目次

【凡例】

☆本書は、*Fifty Key Thinkers on the Environment*, ed. Joy A. Palmer, Routledge, 2001. の全訳である。邦訳では上下巻に分け、上巻（古代─近代編）には仏陀からフランク・ロイド・ライトまでの二六人を、下巻（現代編）にはマハトマ・ガンディーからヴァンダナ・シヴァまでの二四人を収めた。

☆文中の［ ］は原著者による補足ないし注記であり、〔 〕は訳者による補足ないし注記である。

☆原注は（1）、（2）、…であらわし、訳注は＊、＊＊、…であらわした。

☆主要著作および参照されている文献のうち邦訳のあるものについては、邦訳題名、訳者名、出版社名、刊行年を記しておいた。ただし、訳文は適宜変更させていただいた。

序文

本書は、環境保護運動に影響を与えた批判的な考え方と行動に関係のある「重要人物」と、環境哲学およびそれに関連した分野の思想の歴史とに、関心をもつ読者の役に立つことを意図して書かれた。

それぞれのエッセーは共通の形式にしたがって書かれている。冒頭の引用文は場面を設定する。つぎに読者は主題の人物がなし遂げたことについての概観と基本的な伝記的情報を与えられる。各執筆者はつぎにその人物の考え、そして場合によっては行動の影響、重要性、そしてたぶん革新的な性格を照らしだすことを目的にして、批判的な考察を行なう。言いかえれば、その人物に関する純粋な記述を越えて、その人物の生きかた、考え、そしてなし遂げたことが、環境に関する事柄へのわれわれの理解や態度に与えた、あるいは与えつつある、知的もしくは実践的なインパクトの性質についての議論を提出するのである。

各エッセーの終わりの箇所には、関心のある読者をさらにもっと詳しい研究へと導くのに役立つと思われる情報を私が与えておいた。最初に、文中の数字が指示している注のための参照文献がある。第二に、このエッセーの主題の人物に、非常にはっきりとした仕方でその思想や影響が関係する、本書における他の人物への参照を示しておいた。第三に、この人物の主要な著作（利用できる場合に）のリストが置かれている。

本書に収めるべき五〇人の環境主義者の最終的なリストの決定は非常に難しい仕事であった。不可避的に、私と編集協力者は、スペースが限られているという明白な理由で除外されねばならなかった重要人物に関する提案とアイデアであふれんばかりであった。最終的に決定された五〇人には、ジャン・ジャック・ルソーやレイチェル・カーソンのような環境思想の世界できわめて明白な「偉大な人物」が含まれているとともに、それほどよくは知られていないがやはりあきらかに重要な人びとも含まれている。本書で登場する偉大な環境思想家は紀元前五世紀から今日にいたるまでの非常に広いタイムスパンにわたっている。その人びとのなかにはシコ・メンデスのように活動家として記述してもよい人がたくさん含まれている。それとともにジョン・ラスキンやアルネ・ネスのような、哲学者あるいはより伝統的な「思想家にして作家」も含まれている。

最後に、私はこの本がたしかに網羅的ではなく——すでに上で述べたように人物の選択は非常に難しかったということを強調しておく。さらに、この本が、人類史上最も偉大な五〇人の思想家についての概観であると主張することはできないということもたしかである。本書で取り上げた人びとの何人かは、環境に関する思想と行動にたいして最大の普遍的・全地球的な影響をおよぼしたと言える、そのような部類の人びとのなかに入るであろうとわれわれは信じる。だが最も重要なことは、本書で取り上げたすべての人が、なんらかのかたちで環境に関する思考に非常に実質的な貢献を行なったことである。本書はこれまで知られていなかった人びとも取り上げて紹介しているので、読者が大きな利益と喜びを本書から得られるだろうとわれわれは期待している。全体としては、本書が、人びと相互の、他の種の生物との、そして自然界とのあいだに存在している相互関係についての思考に影響を与えた古今の諸個人の生について、もっと多くのことを知りたいと望んでいるすべての人の利益になることを私は希望している。

ジョイ・A・パルマー

仏陀
Buddha

前5世紀

木の実をたらふく食べたあとに、その枝まで折ってしまうとは、人間はなんと邪悪な存在であろうか。[1]

シッダルタ・ゴータマは前五世紀ごろ北インドの王家に生まれたが、若い王子は、王宮の門から外に出ることを許されたときには、いつでも、いたるところで苦しみ、老齢、病気、そして死を目撃しなければならず、彼はこの普遍的事実に打ちのめされた。こうして彼は早くから瞑想と思索、そして禁欲と質素な生活を習慣とするにいたり、生と死の謎を洞察し、終わりもなく意味もない、死んではまた生まれることをくり返す循環〔輪廻〕にたいする耐えがたい絶望を解消し、そして最後に悟り（ニルヴァーナ〔涅槃、つまり煩悩の消えた理想の境地〕）に到達した。仏陀の全生涯をとり囲んでいた自然の環境が、仏陀自身の思想を直接的に産みだしたとは言えないにせよ、悟りにいたるまでの一連の出来事に与えられている比喩的描写を産みだすもとになったように思われる。従来、「仏陀・ゴータマは生まれ、悟りに到達し、そして樹の下で死んだ」と述べられてきた。われわれが有する文書にもとづく記録は、さらに、「思索などの精神的／宗教的 spiritual 実践のために好まれる環境としてだけではなく、平信徒が教えを乞う場所としても、森が重要であることを証言している」(2)。「[そこで仏陀は言った]……究極の平安の境地を求めて私は彷徨い歩いた。そして最後に、……とても気持のいい森を見つけ、「この場所こそが、ニルヴァーナを最終的に実現する努力を行なうのにふさわしい場所だ」と考えながら、私は座った」(3)。ゴータマの行動は、この地方の商業の発達による急速な都市化、商人階級と職人階級の勃興、そしてそれにともなう農業経済の発達とそれが原因となって生じたガンジス地方の森林の伐採、そしてその結果としての自然の棲息地からの動物の消滅、こうした事態にたいする反応であったように思われる。

仏陀の説教集には、感覚を有するすべての生き物にたいして適切な配慮を行ない、慈悲の心を示すように求める、呼びかけがある。鳥も獣も仏陀の声明に応え、またその後の議論における対話のパートナーになる。「鳥たちのあいだの仏陀」は、動物のあいだに混じって暮らしている仏陀の生を物語るジャータカ〔本生経〕の五五〇の物語のうちのひとつにすぎず、ほかにも仏陀の前生における動物としての経験を思い出して語られる多くの物語がある。仏陀は、ベーダ語を話すアーリア人たちが到来して以来、インド文明に普及した人間と宇宙の関係性を、見なおそうとしていたように思われる。アーリア人たちは、農業と戦争のために動物を犠牲にしたり搾取したりする傾向をもち、かれらは自然にたいする深い恐怖心をともなった、バラモン教の汎自然主義に支配されていた。仏陀は、自然を恐ろしい敵対的な諸力だと受け取る感じ方から、恵み深い性向をもったものとして自然を感受することへと人びとの感じ方を転換させることに成功した。

仏陀は深い共感をもって世のすべての階層の人びとと交わった。そこには定住する商人も、その地に交易のために訪れる人びとも含まれていた。そして彼はこの反省にもとづいて社会倫理のひとつの定式を与え、みずから実践するとともに説教した。これらの教えは伝承され、のちにパーリ語の教典に記録されて、「三つの籠〔三蔵〕」に収められた。法典に収められている、悟りを得たあとの（つまり「覚者の」）、苦からの解放の道につながる広範な倫理の範例に関する教えは、禁欲的生活（社会生活の否定または隠遁）をきわめて重視しているにもかかわらず、環境に関する仏陀の考えについて、革新的で重大な知識を含んでいる。アジア全域で二千年にわたって仏教徒のエコロジー意識が成長してきたが、その鍵になったと今日見なされている洞察がその一つであり、「依存的生起〔縁起〕」（プラティッチャ・サムトゥパーダ）、すなわち、「これが起こることにもとづいてあれが起こる」の洞察である。この相互依存の因果律は、最近の研究者により適切に言い表されているように「それぞれの個体も一般的な種も含め——生態圏のすべての様相を相互依存の原理という関係において統合する」(4)、エコロジカルなヴィジョンを示している。この相互連関モデルは、尊厳を有し自律的だと想定された自己が他の存在、生き物（動物と植物）を絶対的に支配する権利をもつという見方を揺るがす。この洞察とともに展開されたダルマ〔真理＝法〕と徳の諸々の理想が、仏教の諸学派間における熱心な省察と論争のテーマとなり、そしてさまざまに異なる歴史の分岐点で、たとえば、仏教に帰依したあとのアショーカ王によって、実行された。彼は動物のケアと福祉を制度化した。それは以下に見るような、われわれの心に訴える記録を残している。「ここでは動物は殺され犠牲にされることはない。神々により愛された方が人間と動物のために薬を与えてくださった。……薬用植物の……根と果実が、かつてそれらが生えていなかった場所に送り届けられ、人間と動物が使用するために道に沿って植えられてきた」(5)。

縁起のもうひとつの側面は、結果あるいはカルマ〔業《ゴウ》〕の連続性である。それは、存在者のあらゆる行為が苦、苦の終息、そしてそれに続く業の連続からの解放というその個体の歴史を条件づけるということを示唆する。これが終わることによってあれが終わる。仏陀は（カルマ的な行為の結果である）諸個体の特殊な苦しみから出発して、人類、動物界、そして自然環境そのものを、カルマ的な条件づけの積み重ねられた結果のそれぞれ異なる現われとして一般化することができた。彼は存在のひとつの位階が他の位階に優越することをいっさい認めなかった。仏陀が根本的な到達目標とした社会倫理と環境倫理（法）は、循環しすべてを呑みこんでしまうカルマ的効果ないし因果の鎖を断ち切って、無効にすることに基盤があった。彼の弟子たちはその教えをさまざまに異なる方向に適用した。これが正しいことは、僧侶も平信徒も同じように「多数の者の福祉」、「多数の者の幸福」、「世界にたいする共感」(6)を達成するようにつねに努力すべきだという仏陀の考え方にもとづき、確認できる。

しかしながら仏陀の教えは、精神的／宗教的な転換を求める存在論と倫理学から、あるいは人間界と自然界を同じように聖なるものとするダルマ／法から切り離して、環境倫理を一面的に強調するのではない。実際の伝統文化においては、精神的／宗教的な理解とは反対に人間の生命／生活に特権を与えてしまったが、仏である自然あるいは法である自然といった存在論的観念は、現実に存在するすべてのものを、共通の聖なる宇宙のなかで結びつけるための基盤を与えていると論じられてきた(7)。言いかえれば、仏教は、少なくとも原理においては、全存在が固有の道徳的価値をもち、道徳的な「考慮に値するものであるということ」、そして全存在にたいする相互的かつ互恵的な責務が存在するということを強調する。われわれは普段、小さなせせらぎが人間存在にたいして何か特殊な義務を負っているなどと考えないかもしれない。だが、魚の小さな群れは、冷たい水の流れが彼らに栄養物と安全なエコシステムを供給してくれることを非常に感謝しているかもしれない。ゴータマが、まだ人と自然をそれほど離反させていない都市環境のなかを失意のうちにさまよっていた時代においては、今日われわれが直面しているような人間と地球の分裂／対立した関係は存在しなかったし、ゴータマは予見すらしなかったかもしれないと思われるだけに、そうした見方は現代の仏教徒にとっては、いっそう重大な意味がある。

仏陀は生物共同体の多様性と相互的な結びつきの強さを理解していたが、彼の世界観は、完全に自然主義的でも完全に生命中心主義的でもなかった。別の形態をとった仏教は、ときには生命中心主義的になったのであるが。仏教においては、環境の意味と役割はニルヴァーナに向かう個人の運動としてのエコロジーのなかで理解される一方、義務や権利を重視し、マイノリティや絶滅危惧種の法的な保護を重視する倫理にとって必要な、個体の自律およびそれぞれ〔の集団や種〕の違いが曖昧化される結果、多元的生態尊重主義 poly-ecoism のバランスのとれた倫理にとって必要な、弱い集団の力の強化という問題を軽視する。しばしば論じられているように、仏陀の教えは全般的に崇高で、未来のすべての環境倫理にとっての出発点として有望であるのだが、無条件な菜食主義を命ずることを仏陀が拒否したのはそうした弱い結び目を示している。(8) にもかかわらず、相互に依存しあったすべての生命形態に共感をもつようにという仏陀の訴えと、彼の知恵の教説を支えている、自然を美的なものと捉える姿勢は、仏教が伝播した諸地域での、自然にたいする態度の根本的な転換をもたらすための道を開いた。たとえばダライ・ラマは、環境にたいする共感と、すべての存在にたいする普遍的責任を認める倫理の熱心な擁護者であり、彼はそれらが今日のあわただしい世界においてまったく欠如していると見るのである。その一方で、ベトナム人僧侶であるティーチ・ナート・ハンは、人間と他の自然的存在の両方にとっての持続可能な自然の生息地を発展させるために、知恵への集中が必要不可欠だという仏陀の思想の別の側面を展開した。

より一般的には、仏教徒のコミュニティにおいては非菜食主義が支配的であるにもかかわらず、動物のある種の自由の権利と倫理的な保護の必要性は仏教において認識されてきた。東アジア全域の仏教の僧院では、たとえ直接の意図が食卓での動物の肉の消費であるにせよないにせよ、動物の肉を料理することはそれが動物を殺すことを含むかぎり禁じられてきた。今日のスリランカでは仏教徒の環境主義者が、緑豊かな美しいこの島国をさまざまな技術をもちいた開発による略奪と民族間の戦争による破壊から守ろうと努め、積極的な活動を行なっている。かれらもまた、数百年まえのスリランカに仏教が伝来したときに形成された実践的な環境倫理を維持しつづけているということができるだろう。

同じように、七世紀のチベットへの仏教の伝来は、荘厳な自然のオアシスを保存するための国家的な規模のプログラムを生みだし、こうしてこの地は他の多くの国々にとって神秘的な素晴らしさを保持しつづけることができた。統治を行なうラマ教の僧侶たちは、大小を問わず動物を傷つけたり殺したりすることを禁じた。自然を大切にし、責任をもって自然物を利用する道徳の実践がチベットの人びとの生活様式になった。チベット仏教の形而上学は、本質的自己は存在しない、つまり、性質にも物質にも固有の実存は存在しない〔諸法無我〕という、インド仏教の影響をうけた教義を維持しつづけていたが、この「一切は空である」という宣言はチベット仏教の道徳の枠組みを三つの点で強めた。

1　善、同情、慈悲、あるいは尊敬等の道徳的性質はけっして絶対的ではないが、しっかりとした現存在をもっている（偶然的に「空」に付随して生起する）。というのも人間の相互行為や倫理的生活は一般にこれらの道徳的性質を前提しているからである。

2　多元論的存在論は道徳的枠組み内部のメンバーのどの特定の種も特別扱いはせず、すべてに公平な配慮を行なうので、生物多様性を尊重する非人間中心主義的な倫理に容易に翻訳される。

3　宗教的な魂の救済という目的はなんらかの、自己に動機づけられた倫理的実践と規範を要求するが、そこには欲望の制限、自我‐自己の限界についての思索、すべての生き物と感覚をもたない存在にたいする敬意と深い（だが、恩きせがましくない）同情心からなる道徳的性質に基礎をもつ利他主義が含まれる。言いかえれば、僧、尼僧、平信徒、農民そして放浪者にも妥当するよう構成された規範が環境にたいする関心を支える。

したがって、大地と調和した仏教の生活の倫理が、チベット文化のすべての面に行きわたっている。世界の屋根に場所を占めたチベットの環境は、周辺のアジアの大部分におけるエコロジカルな環境と収穫のサイクルの安定性にとって、決定的に重要であることが認識された。たとえば、曲がりくねってアジアを流れる十を越える主要河川は、チベットの渓谷となだらかな氷原にその水源《みなもと》を有し、モンスーンはチベットの豊かな自然の植生と深い森林に依存している。チベットの野生生物と動物の自然のサンクチュアリーは、一定の範囲に抑制された農業と土地を植物で覆う有機農業にたいして肥料を供給し、また、ヤクの糞を燃料として供給する、等々の仕方で、生態系のバランスを維持し、さまざまな仕方で環境の豊かさに貢献した。しかし中国がチベットを占領してから状況は劇変した。大量の森林伐採、土地の浸食、川の汚染、資源の枯渇、動物の過剰な屠殺、そして環境の全般的な劣化が東南アジアの環境に強い悪影響をおよぼした。というのは東南アジアは毎年モンスーンの豪雨によるはげしい洪水の被害に見舞われるようになったからである。仏教徒はまた、中国の揚子江に作られつつある世界最大のダム〔三峡ダム〕の建設によって、これまで中国の近代主義的な野心と傲慢さがアジアの多くにもたらした生態学的不均衡に、また追い打ちがかけられることに懸念を抱いている。

自然－人間－社会のマトリックス〔相互連関〕のなかですべての事物が相互に依存しあい、結びつきあっているという仏陀のヴィジョンの最大の強さのひとつは、人間中心的な（エゴに局限された）見方を超越していることにある。デ・シルヴァが書いているように、「仏教の環境哲学の本質は自己中心的な態度から生態系中心的な態度への転換であると言うことができるかもしれない」(9)。仏陀のエコロジカルな考え方を支える助けになっている存在論と道徳の鍵となる概念にはつぎのことが含まれる。

プラティッチャ・サムトゥパーダ　相互依存の条件づけ
カルマ（パーリ語　カンマ）　道徳的因果の法則
ドゥーカ（パーリ語　ドゥッカ）　不満足〔煩悩〕
ダルマ（パーリ語　ダンマ）　責務の相互性あるいは義務の限界の範囲内の諸権利
シーラ　徳の形成陶冶、修行、そして悪徳に打ち勝つこと。徳のなかでとくに強調されているのは、自制、簡素、慈悲心、同情心、平静心、忍耐、智慧、他者を傷つけないこと、寛大さ

これらの概念は、㈠帰結主義の一般原理（人の行為の重さと影響力はそれがもたらす結果によっ

て判断される）に依拠するが、㈡目的論（より大きな目的・意図、ないし、それぞれの種が見かけ上は行為能力を欠いていても、それに向かって努力している終わり＝目的の特殊性——山は語らないがそれ自身のテロス＝目的をもっている）そして、㈢義務論（ダルマのためのダルマ、これは過剰な利他主義、無制限の功利主義、そして儀礼化されたナルシシズム、あるいは「大きな物語」的な目的論にたいするチェックとして働くよう意図されている）にもとづく考慮がつけ加わる。

注

（1） *Anguttara Nikaya*, vol. III, eds H. Morris and H. Hardy, London : Pali Text Society, p. 262, 1885-1900.

（2） Lewis Lancaster, 'Buddhism and Ecology: Collective Cultural Perception', in M.E. Tucker and D. Williams (eds), *Buddhism and Ecology*, Cambridge, MA : Harvard Center for the Study of World Religions, p. 11, 1997.

（3） *Ariyapariyesana Sutra, Majjhima Nikaya*, cited in Donald K. Swearer, 'Buddhism and Ecology: Challenge and Promise', *Earth Ethics*, Fall, pp. 19-22, p. 21, 1998.

（4） Ibid.

（5） *Sources of Indian Tradition*, vol. I, rev. edn by A.T. Embree, New York: Columbia University Press, pp. 144-5, 1988.

（6） *Middle Length Sayings*, cited in Padmasiri de Silva, *Environmental Philosophy and Ethics in Buddhism*, New York: St Martin's Press; London: Macmillan Press, p. 31, 1998.

（7） Swearer, op. cit., p. 20.

(8) P. Bilimoria, 'Of Suffering and Sentience. The Case of Animals (revised)', in H. Odera Oruka (ed.), *Philosophy, Humanity and Ecology: Philosophy of Nature and Environmental Ethics*, Kenya: African Centre for Technology Studies, pp. 329-44, 1994; ユーモラスな「私を・食え」に関する反対論については、以下を見よ。Arindam Chakrabarti, 'Meat and Morality in the Mahabharata', *Studies in Humanities and Social Sciences*, III(2), pp. 259-68, 1996.

(9) De Silva, op. cit., p. 31.

↓芭蕉、ガンディー、タゴールも見よ。

■仏陀の主要著作

前田恵学訳「真理のことば（ダンマパダ）」、「本生物語集（ジャータカ）」、『インド　アラビア　ペルシア集』〈筑摩世界文學大系9〉、筑摩書房、一九九九年。

中村元訳『ブッダのことば　スッタニパータ』〈岩波文庫〉、岩波書店、一九八四年。

早島鏡正『ゴータマ・ブッダ（釈迦）』〈人類の知的遺産3〉、講談社、一九七九年。

荘子
Chuang Tzu
前4世紀

魚が必要とするすべてのことは自己を忘れて水と一体化することだ。
人が必要とするすべてのことは自己を忘れて道と一体化することだ。(1)

哲学的道家思想の最も有名な不朽の二書は、ともに中国思想の古典期(およそ前五〇〇〜前二〇〇年)に書かれた、『道徳経』と『荘子』である。さらにこれらは、現代にいたるまでののちの諸世代が、そのなかに、自然界にたいする悟りの境地、「自然環境との調和の教え(2)」が存在すると主張している著作である。伝承では、『道徳経』は、孔子(前六 - 五世紀ごろ)の同時代人と想定された老子の作とされ、『荘子』はのちの弟子の一人に帰せられていた。しかしながら現代の研究者が支持する見解によれば、『荘子』は、『道徳経』とともに、もっと前の時代の作品である。そして、『道徳経』は前三世紀に名前の知られていない著者たちによって編纂された。この著者たちは、当時としてはあたりまえのやり方にしたがって、自分たちの思想に古代の、そしてたぶん神秘的な賢人の名前をつけたのである。(3)

老子と違い、『荘子』という評判の高い著作の名前の祖となった著作家が実在したということは、相当十分に立証されている。のちの年代研究によれば、荘子（荘先生）は今日の河南省にあった漆園の役人であった。そして彼自身の書物によれば、人間の手から餌をたらふく与えられて暮らす宮廷の亀のように生きるよりも、「泥のなかで尻尾を引きずって」自由に暮らす、普通の亀のように生きることを選ぶという理由で、彼は王宮のより上級の役所での勤めを拒んだのである（17. 11）。書物のなかの他の逸話が示唆するところでは、荘子は人を引きつけるところのある皮肉屋の個人主義者であった。人為的工夫やしきたりにあまり敬意を払わず、とくに儒家の葬式の典礼にたいしてはそうであった。われわれは彼が、死の床から、彼の弟子たちが「贅沢な葬式」を準備していると小言を言っているのを見いだす（32. 14）。

その書は伝承では荘子に帰せられているが、いまでは彼は三十三篇のうちのいくつか、たぶんせいぜい「内編（1－7）」を書いたにすぎず、他の篇からなるいくつかの章は彼の「学派」の思想家たちにより編まれたということが認められている。[4] そこで、荘子の翻訳者の一人にならって言うと「私が荘子という名を口にするときに、私は、特定の歴史上の人物のことを指しているのではなく、荘子と呼ばれているテクストのなかに示されている考え方ないしは考え方の集まりを指しているのである」。[5]

すでに言及したように、『荘子』は哲学的な道家思想の古典である。形容詞が重要なのである。というのはその〔哲学的という〕形容詞が表現している道家思想は、二世紀以後に発展した「宗教的」ないし「神秘的」道家思想〔＝道教〕からはキッパリと区別されるべきだからである。* 荘は死を平静に受け入れるように、あるいは無関心にさえなるように説いたのにたいして、魔術的な道教信者たちは永遠の生を得るための霊薬 elixir の発見という願望に取りつかれていたということを考えてみれば、その二つの道家思想のあいだの距離の大きさはわかるだろう。哲学的道家思想の特徴づけを行なうまえに三つのことを心に留めておいてもらいたい。第一に、古典期の中国の哲学者を道家、儒家、法家などの「学派」に区分することはのちの分類家の行なったことであり、これら「学派」相互間の違いと「学派」内部における類似性を過大視させがちである。こうして、孔子はしばしば荘の批判の的になっているが、ときにはその書（『荘子』）のなかに称賛される賢人として登場する。第二に、道家は道にたいする関心によって他の学派から区別されるべきではない。というのは人間がしたがうべき適切な道（Way, Path）を決定することは中国の哲学者たちに共通した基本的な関心であったからである。第三に、二つの道教の古典のあいだには重要な親近性があるけれども、それらが強調している点は異なる。『道徳経』では乱れた戦争の時代に支配者がいかに統治するかという問題を顕著な仕方で扱っているが、これにたいして『荘子』は、私的な、実際、非政治的な個人がこうした動乱の時代に、あるいは他の時代にいかに生きるべきかという問題に取り組んでいる。

道家に特徴的なことは、それが訴える道の観念がきわめて一般的で抽象的であるということだ。孔子にとっては道は人間にとって適切な道であった。だが、老子と荘子にとっては中心的な道の観念は、大道のそれ、つまり、「完全で、普遍的で、すべてを包括する」宇宙そのものの道〔ないし、あり方。以下同様〕であり、人間の生がそれと調和して営まれるべき道（22.6）である。この「大道」

は正確に表現することはできない。『道徳経』の有名なはじめの数行――語ることのできる道は恒久の道ではない――と一致して、荘は言う「大道は名づけることができない……もし道があきらかにされるなら、それはもはや道ではない」(2.2)。にもかかわらず、なんらかのことが道について語ることができ、人間の行為にたいする教訓を引き出すことができる。

道は全体としての自然の道であり、その結果、道に一体化する真の人は自然のままに生きる人である。荘にとって、社会的生活と個人的生活の病は、人間が生き物のなかでは唯一、非自然的な仕方で生きることができ、多くの場合、実際に非自然的生きかたをするという事実から生じる。このことは、とりわけ、ほとんどの人が善と悪、美と醜、人間と動物といった人為的な区別にもとづいて考え行動するが、人びとはそうした区別は部分的で実用的な見方に依存していることを知らず、かわりにそれらの区別を確固としたものとして、実在そのものの鏡として扱っているということを意味する。このような区別をする人びとは〔真実を〕見ることに失敗している(2.2)。なぜなら、道そのものは世界におけるすべての差異と区別の根源として、一様で流動的であるから。さらに、全体であるところの自然の道として、道は自発的な〔自ずと発現する〕ものであり自由である。というのは、道がそれにうち勝つべく努力しなければならず、それによって制限されるような障害物に直面することはないから。それゆえ、それと同様に、真の人は自発的にふるまうであろう。実際、彼の生は、道そのものの作用に似て、なんら熟慮することなく、また何の努力もともなわないという意味で、「行為をしないこと」(無為)であろう。『荘子』のなかで最も魅力的な話の多くは、――

熟練した肉屋が肉を切りわけるときにナイフが雄牛の肉の自然の切断面とつなぎ目にやすやすと対応していくというように（3.1）――内から自ずと発現する、言葉によらないノウハウを用い、規則や言語による教えなしで済ませる、熟練した職人を褒めたたえる話である。肉屋や鈴を作る職人にあてはまることは、道家の賢人にもまたあてはまる。哲学者――「役たたずの老人たち」――によって教えられた教義や原理を無視し、賢人は道を直観的に評価し、「知るものは語らず、語るものは知らず」ということを認識しつつ、生活する（13.10）。

道に一体化して自然に生きるということは、したがって、洞窟に住む原始人のように生きるということではなく、行為が内から自ずと発現するように、柔軟にそして直観的にふるまい、慣習的な規則や区別には、それが言語によるものであれ、あるいは他のものであれ、窮屈に囚われることなく行為を行なうということである。真の人間はいわば「落ちついて」いる。しかしながら、『荘子』のいわゆる「原始信奉主義者」の編（8–12）――それらは荘自身によって書かれたものではないが――では、極度に簡素な生活を支持する文章がある。これらは『道徳経』のいくつかの文章に対応するものでもあるが、林語堂〔一八九五－一九七六、中国人作家〕の言葉を用いると、「裸足で歩きまわりたいというひそかな願望をもった人たちは道家思想を好む」(6)。だがこの原始信奉主義は他の文章と矛盾しており、いずれにせよ、あまりにも極端で現代の環境に関する議論にとって適切な意味をもたない。『荘子』の本当の意味は、ほぼまちがいなく、自然環境にたいする人間のふるまいにおいて有害な役割を果してきたもろもろの姿勢を拒否することにある。

最初に荘が批判するのは、動物や他の生き物の生命と善を、人間にしか適用できない基準によって判断する「擬人観」である。いくつかの逸話が、われわれ人間が善についてもつ観念と、動物自身のそれとの違いに光を当てている。たとえば沼地のキジについての逸話は、キジは食べ物と水を獲得するためには戦わなければならないが、だからといって餌を十分に与えられる籠のなかで生活したいという願望をもつわけではない、ということを語っている（3. 3）。第二に、固定した区別にたいする荘の拒否は、人間と他の生物との区別、「偉大なものと卑小なもの」の区別にたいする批判を含んでいる。それは、これらの区別が人間を他の自然よりも優れていると見なす人間中心主義を強めるからである。「道の光のなかで見られれば、なにごとも最高／最善ではなく、なにごとも最低／最悪ではない……全体との関係において見られれば、ひとつのことが他のことよりもより優れたものとしてきわだつことはない」（17. 4）。最後に、賢人の無為の生活は、人びとを自然の搾取／開発へと導いた利益と名声と支配を求める願望や野心とはまったく相入れない。そのような人びとは事物によって「駆りたてられ」、「事物に囚われている……哀れむべきではないか」（24. 4）。荘にとっては、そうした有害な態度を捨て、それゆえ「そこで道が妨げられずに働く」ような人は、「他の存在にたいしていかなる害を与えることもない」（17. 3）。そしてそれは、その人がいまなんらかの道徳原理にしたがっているからではなく、害をなそうとするいかなる動機をも欠いているからである。

『荘子』と『道徳経』の著者たちは、本書に含まれている他の著者たちのいずれと比べても劣ることのない強い影響力を及ぼしてきた。二千年以上のあいだ——儒家の教えにたいする皇帝の公認と、のちの、毛沢東による野蛮な敵視にもかかわらず——道家思想は、中国人の生活のさまざまな面、とくに道家の風景画と詩に示された自然との親しい関係を強固に形づくった。これに劣らず重要なのは、中国と日本における宗教の発展に与えた影響であり、道家思想の真の後継者は「神秘的」道教ではなく、チャン——あるいは日本では禅——仏教として知られている、あの道家思想と仏教思想の興味深い融合である。芭蕉の俳句は、本書の別の章でも論じられているが、仏陀に負うところが大きいと同様に荘子にも負うところが大きい。哲学的な道家思想は、とりわけ自然にたいする人間の関係についての見方のゆえに、二〇世紀全体をとおして、多くの西洋の思想家を魅きつけた。その見方は、多くの西洋人の目には、かれら自身の社会の見方とは好ましい対極をなしていると映るのである。マルティン・ハイデガーは技術にたいする二〇世紀の最も透徹した批判家だと言えるが、彼はかつて『道徳経』の翻訳に取りかかったことがあり、そして道家がハイデガーの思想に及ぼした影響は、彼が折にふれて認めている以上に大きい。最近の数十年間、多くの環境倫理学者が熱狂的に道家思想を唱えてきた。(7) しかし、荘の「環境倫理」について語るのは人を誤らせることだ。彼が、たとえば、動物の「権利」だとか、自然にたいする人間の「責務」だとかについて語ることに何の共感ももたなかっただろうということはたしかである。彼の見方では、そのように語ることと——道徳性、正義、正直、善行について語ること——は「人が道を見失って」しまい、そして、それゆえ、もはや「道に一体化して」いないということのたしかな徴なのである(22.1)。〔とくに意識せず」自然に、「事物のあるがままにまかせる」人は、道徳原理を必要としていないのである。

注

（1） 6.11. 文中の荘子への参照を指示する数字は〔『荘子』の〕翻訳者が標準的にテキストを分ける章と節を示している。私の引用は異なる翻訳から取られているが、おもにワトソンからのものである。

（2） Fritjof Capra, *The Tao of Physics*, London: Fontana, p. 340, 1983.

（3） See A.C. Graham, *Disputers of the Tao*, La Salle, IL : Open Court, pp. 215ff, 1989.

（4） Ibid., pp. 170ff.

（5） Burton Watson, *The Complete Works of Chuang Tzu*, New York : Columbia University Press, p. 3, 1968.

（6） *My Country and its People*, London: Heinemann, pp. 109-10, 1936.

（7） See, e.g., Capra, op. cit.

＊ 六世紀ごろまでは道教とは道・真理の教えという意味の普通名詞で、儒教、仏教も道教と呼ばれることがあった。同様に老荘思想も道教と呼ばれることがあった。不老不死となることを求める信仰＝「神仙思想」が漢の時代から強まり、この神仙思想の開祖が老子とされるようになった。民間信仰の理論の中心に神仙思想をおいて体系化し、組織的な宗教となったのが道教であるという。『老子・荘子』〈人類の知的遺産5〉、Ⅳ―2、とくに二七八～二八一頁参照。

→芭蕉、ハイデガーも見よ。

■荘子の主要著作

森三樹三郎訳『荘子　1・2』〈中公クラシックス〉、中央公論新社、二〇〇一年。
金谷治訳『荘子』全四冊〈岩波文庫〉、岩波書店、一九九四年。
小川環樹編『老子・荘子』〈世界の名著4〉、中央公論社、一九七九年。
森三樹三郎『老子・荘子』〈人類の知的遺産5〉、講談社、一九七八年。

アリストテレス
Aristoteles

紀元前 384 − 322

どんな自然物にも何か驚くべきところがあるものだ。（『動物部分論』645a）[1]

ギリシャの哲学者で自然科学者のアリストテレスはマケドニア生まれで、彼の父はマケドニアの王の侍医であった。その息子の彼自身も、のちのより有名な王であるアレクサンドロス大王の家庭教師として、王に仕えた。アリストテレスはアレクサンドロスに広範なテーマを教授し、その結果彼の生物学の研究に役立つ標本を入手することができたという物語を信用することができるならば、アレクサンドロスはありがたい生徒だった。アリストテレスは前三六七〜三四七年と三三五〜三二二年の彼の生活の大部分をアテナイで、最初はプラトンのアカデミーで生徒および教師として、のちには彼自身が設立した学校であるリュケイオンで、過ごした。二回の逗留はともにアテナイにおける反マケドニア感情の爆発によって終わりになった。最初のアテナイでの逗留のあと、彼はレスボスで暮らした。そこでは、彼の最も重要な科学的仕事がなされた。二度目のアテナイ逗留ののち、彼はカルキスに移ったが、数カ月後にその地で亡くなった。

アリストテレスの一生は根気強い研究の一生で、われわれに残された浩瀚な著作は、おそらく、彼がもともと生みだした研究成果の二〇パーセントほどをなすにすぎない。彼は非常に広い範囲にわたるテーマに関して書き、講義した――そこには生物学、天文学、論理学、形而上学、倫理学、詩学、政治学が含まれている――そしてまた、なかんずく、ピュティアーとオリンピアの競技の大量の記録の編纂も行なった。しかしこうしたことを言うだけでは、彼だけがなし遂げることのできた業績を評価しそこねることになる。というのは、多くのテーマにおいて、彼はそれらに貢献したというよりも、それらテーマを彼が発明・創出したのであるから。さらに、論理学、動物学などいくつかの分野では、アリストテレスによって提出された分類法や一般原理が二〇〇〇年以上にわたって、ほとんど変わらずにそのまま用いられている。それゆえ、「アリストテレスの〝知識の余生〟というようなことが言えるとすれば、それについての報告はヨーロッパの思想の歴史に相当するだろう」と言ってもけっして言いすぎではない[2]。アリストテレスの業績と同じことをやろうとするならば、人は知的探究の地図を全面的に書きなおすことが必要だということになるだろう。

　アリストテレスはもちろん現代的な意味での環境倫理学者でも環境哲学者でもなかった。最近の環境に関する関心を刺激してきた「生態系の危機」は、幸運にも古代のギリシアにおいては知られていなかった。実際、「環境」という観念そのものが〔存在せず〕アリストテレスには利用不可能だった。また彼は人間以外の生物にたいするわれわれの道徳的責務などという論点を提出しなかった。しかしながら――たとえば冒頭の引用からもあきらかなように――、アリストテレスは生きている世界（生物界）にたいする深い関心／敬意を表わし、また人びとにも同じことを強く勧めた。そしてのちに見るように、彼の思考におけるいくつかの要素は現代の環境思想にとって魅力的であることがあきらかになる。

上でふれた要素のいくつかは自然的世界についての彼の一般的な概念の不可欠な部分をなしていた。そしてその自然概念は今も生き残っている。ただし、彼が開拓した動物学と生物学の研究分野の一部はもはや生き残ってはいない。（けれども、人はアリストテレスが近代の種の概念をつくり出す重要な仕事を行なったことを思い出すべきである、というのは、動物の種類を、説明力の小さい類似性を基準にするのでなく、その生殖の仕方を基準にしてクラス分けするよう提案したのはアリストテレスであるから。）

アリストテレスは研究の分野を理論的、実践的、制作的学問に区分した。最初の学問は真理をそれ自身のために獲得することに関心をもっており、「すべての人間は生まれつき知ることを欲する」（『形而上学』980a）ということを前提として、学問分野のなかで最も重要なものである。他の二つの学問――たとえば倫理学と詩学――は人がどのようにふるまうべきかということと、事物をどのようにつくり出すべきかということに関心をもつ。理論的学問をアリストテレスは「神学」、「物理学」、数学に区分する。最初の二つの語は人を誤解させるかもしれない。「神学」はアリストテレスにとっては論理学と形而上学を含んでいる。これにたいして、「物理学」は自然的世界一般の研究である。「物理学」と他の理論的な学問の違いは、物理学は運動と変化をこうむるものをとり扱うということにある。そのさい、「変化」には存在者の生成と消滅が含まれる。

したがって「物理学」は、アリストテレスが形而上学のなかで掲げていた二つの主要な問い——すべてのものがそれに依存している「基本的な実体」、実在のなかで最も基礎的なものは何であるか？ そして有機体（＝生物）の成長や腐敗のような規則的な過程や変化を説明するものは何か？——のうちのひとつに直接答えようとするものであった。二つの問いはアリストテレスにとっては関連しあっていた。というのは、最終的な分析においては〔或るものから別のものに〕「成り」、変化するところのものは実体であるというだけでなく、われわれが実体についての知識をもつのは「われわれがその基本的な諸原因を発見したとき」だけであるから（『自然学』184a）。

アリストテレスは実体もしくは基本的な実在に関する当時有力な二つの見解——実体は事物がそれから成り立っているなんらかの素材、「物質〔質料〕」であるという理論と、真に実在するものは非物質的な形相あるいはイデアであり、普通の事物はその形相あるいはイデアの産物、おぼろなコピーであるというプラトンの理論——を退けた。アリストテレスにとって、われわれは、何かがそれであるところのもの〔本質＝形相〕と、何かがそれから成り立っているところのもの〔素材＝質料〕とを混同すべきではない。ところがプラトンの見解は、形相を普通の世界の外に置くので、この普通の世界において事物がいかにして「存在するようになるのか」を説明するのに「役立たない」のである（『形而上学』1033b）。アリストテレス自身の提案は「基本的な実体は形相と質料の統一である」というものである。一定の拡がりをもったある物質が、たとえば、人間であるのは、それが

〔人間という〕ある形相をもつことによってのみである。そして、或る物の本質――「それが何であるのか」――を与えるのはこの形相である。

　アリストテレスは彼の形相概念を変化と運動の原因についての問いと結びつけた。というのは、ある存在の形相は、その存在が「それのために〔それに向かって〕」始まり、生長発展していくものとしての最終「原因」であり、「終わり／目的」〔「目的因」〕でもあるからである（『自然学』199a）。つまり、完全に発展して形相を完成するということは、たとえば、植物が（形相を「可能的に」含んでいる）種子から生長するのはなぜかということの説明の一部をなす。実際、それは説明の主要部分であり、生物学者が生長発展の過程を理解するために焦点をあてなければならない要因である。アリストテレスの「目的因」の観念、彼の目的論はおおいに誤解されてきた。かれは、不合理にもすべての生物がその形相の実現を意図して努力すると言おうとしたのではない。また、『政治学』における悪名高い文章――そこで彼は「自然はなにごとも……無駄に……作らないので、すべての動物を人間のために作った」（1256b）と書いている――にもかかわらず、自然は神の意図に満ちた知的存在だというのは彼の熟考された見解ではない。（その一回かぎりの文章は、（1）「目的」は自然的存在の内部にある、あるいはそれに「内在的な」ものだというアリストテレスの通常の見解と、（2）自然をそれ自体の価値において賛美する彼の一般的態度と、そして（3）もっぱら自己自身を瞑想する神は人間の生活には無関心だとする彼の神学と、整合していない。）アリストテレスの目的因の観念はむしろ機能主義的なものである。われわれは或るものが何の「ために」あるのか、それが普通に発展し終えた状態はいかなるものであるのか――たとえば、木は成長して実を結び、アヒルは水のなかで暮らすということ――を知らなければ、そのものがこうむる変化――根の成長あるいは、水掻きのついた足の成長――をわれわれが見ても、十分にそれを理解することはできないのである。

人間だけが意図してそのテロスつまり目的／終わりをめざすが、アリストテレスによれば、すべての生き物が「魂」をもつ。だが「魂」という語は、身体の「内部に」存在する非物質的な小人のようなもので、身体が滅びても生き残るというような意味あいをもっており、ギリシャ語のプシュケー〔文字どおりの意味は「息」〕のまずい翻訳である。アリストテレスは「魂は自然的身体の形相としての実体である」〔『霊魂論』412a〕と書いている。魂は組織化の「原理」でり、いわば、凝集した全体へと身体を「結合させる」。アリストテレスが〔魂の語で〕キリスト教の観念とはまったく異なる何かを意図していることは、栄養と感覚が魂の機能に含まれているという彼の見解からあきらかである。人間の生のレベルにおいてのみ理性的な思考の働きが存在する。そして、そこでも、身体が存在しなくても英知的に働くことができるのは、あいまいに規定された「能動理性」の作用だけである。

アリストテレスは自然界を、たんなる事物〔無生物〕から植物、低級な動物、高級な動物を経て、人間にまでおよぶ諸存在――その各々は特定の形相をもっており、その形相がその本質をなすとともにその様態／行動を説明するのに決定的な役割を果たしている――の階梯として描いている。それゆえ、その多様性と複雑性にもかかわらず、その自然の階層秩序はまさに自然の理法 order——たがいに結びつきあった知的な全体であり、その「卓越性」は、アリストテレスの言うところでは、一人一人のメンバー、兵士が自分たちに割りあてられた任務を遂行する「規律正しい」軍隊の卓越性に似ている(『形而上学』1075a)。

一〇世紀から一三世紀にかけての多くのアラビアの思想家たちにとって、そして一三世紀以降の多くのキリスト教徒の思想家たちにとっても、アリストテレスは大文字の「哲学者」であり、(ダンテが言ったように)「有識者の先生」であった。だが、これら〔中世の〕思想家たちの言う自然界についての「アリストテレス的概念」なるものが、このギリシャの哲学者自身のものだと考えるとすれば早計である。なぜなら、それはストア哲学の要素と、アリストテレスの考え方とは異質の神学的要素とを結合したものだからである。とくに「目的因」の理論は、各存在の目的は神により定められたもので人間の目的に役立つことだという〔キリスト教の〕信念に一致させるために、「人間中心的な」歪みを与えられた。その歪みは、あきらかに、あの『政治学』の文章によって促進された。のちの科学の闘士、フランシス・ベーコンやガリレオ等は自分たちがアリストテレスを論駁していると考えていたが、しばしば勝手に書きかえられた「アリストテレス主義」を論駁していたにすぎなかった。おなじことが一九世紀のダーウィン主義者による批判についても言える。ただし、ダーウィン自身は、アリストテレスの生物学への寄与を十分に認識しており、近代の最大の博物学/自然誌学者であるリンネのような人でさえ、「アリストテレスに比べればたんなる学校の生徒」にすぎないと断言している。(3)（ついでながら、アリストテレスは当時の「ダーウィン主義」をよく知っていた。彼は、エンペドクレスの、事実上、ランダムな突然変異と自然淘汰の理論を退けたが、彼がその理論を拒否した理由は、現代の博物学者の多くによってきわめて真剣に受けとめられている。）

アリストテレスは、くり返すが、「環境主義者」environmentalistではなかった。しかし、環境主義者たちの一部、とくにたぶん「ディープ・エコロジスト」たちがなぜアリストテレスに魅きつけられるかは容易にわかる。第一に、かれらは、自然界は統合された連続的な全体であり、とくに人間の生命と人間以外のものの生命とのあいだには鋭い「裂け目」は存在しないというアリストテレスの自然観を共有している。第二に、かれらは、アリストテレスの、正しく理解されたかぎりでの目的の概念、それぞれの生き物はそれのために〔それに向かって〕成長発展するという、目的の概念を称賛する。というのは、かれらの見解では、こうした目的の概念は、自然についての、貧困であるとともに危険な純粋に「機械論的な」像とは好ましい対照をなしているからである。第三に、かれらは、存在者の目的はそれにとっての善であるというアリストテレスの見解を歓迎することができる。その目的が現実化された樹木あるいはアヒルは、樹木あるいはアヒルという存在者として、その生を「開花・現実化している flourish」。そして何であれ、その開花・現実化を妨げることは不正であると、アリストテレスは強く暗示している。

最後に、何人かの環境倫理学者は、倫理学にたいするアリストテレスの一般的な態度にインスピレーションを求めた。そこでは権利や義務の問題に関心を集中させるのではなく、人間的テロス＝目的を実現することにより開花・現実化する、人間の生に固有な卓越性（徳）の問題に関心を集中させている。そのような生は有徳な生であり、物質的追求における自制などアリストテレスが指示している実践的な徳のいくつかはたしかに、われわれの環境にたいする態度に適用できる。たぶんもっと重要なことが、アリストテレスにとって「最高の活動形態」である「知的な徳」ないし「理論的な知恵」（『ニコマコス倫理学』1177a）に含意されている。知恵は「最も高貴な諸事物」の「観想」にあるとされるが、アリストテレスにとっては、観想は事実の無感動な探究ではなく、世界／宇宙とその諸要素への驚きと感嘆に満ちた何かである。冒頭に私が引用した文章は――「アリストテレス的人間における最良の面を表現している」(4)が――ストーブに向かって暖まるというごくありふれたことをしている賢者を見つけてガッカリしている訪問客にたいするヘラクレイトスの応答を肯定する文章とともに、つぎのように続いている。「ここにも神々はいる」とヘラクレイトスはかれらに言った。アリストテレスはそこからつぎのような教訓を引きだす、「最もつまらない生き物でさえも、嫌がらずに、ありのまま観察・観想すべきである。なぜなら、そのような生き物のなかにも、自然的で見事なものが存在するからである」（『動物部分論』645a）。

注

（1） 参照数字はアリストテレスの著作の標準的なページ付けで、どの翻訳でも同じである。
（2） Jonathan Barnes, *Aristotle*, Oxford: Oxford University Press, p. 86, 1982.
（3） W. D. Ross, *Aristotle*, 5th edn, London: Methuen, p. 112, 1949.
（4） Barnes, op. cit., p. 87.

→ベーコン、ダーウィンも見よ。

■アリストテレスの主要著作

朴一功訳『ニコマコス倫理学』〈西洋古典叢書〉、京都大学学術出版会、二〇〇一年。

中畑正志訳『魂について』〈西洋古典叢書〉、京都大学学術出版会、二〇〇一年。

牛田徳子訳『政治学』〈西洋古典叢書〉、京都大学学術出版会、二〇〇一年。

岩崎勉訳『形而上学』〈講談社学術文庫〉、講談社、一九九四年。

山本光雄他訳『アリストテレス全集』全17巻、岩波書店、一九八七〜一九八九年。

今道友信『アリストテレス』〈人類の知的遺産8〉、講談社、一九八〇年。

尼ヶ崎徳一訳「政治学」、川田殖・松永雄二訳「形而上学」他、田中美知太郎編『アリストテレス』〈世界の名著8〉、中央公論社、一九七二年。

田村松平『ギリシアの科学』〈世界の名著9〉、中央公論社、一九七二年。

高田三郎訳「ニコマコス倫理学」、村治能就訳「デ・アニマ」、『アリストテレス』〈世界の大思想2〉、河出書房新社、一九六九年。

ウェルギリウス Vergilius　紀元前70−19

それから、苦心して建てられた有名な諸都市、垂直に切り立った岩の上に人間の手によって積み重ねるように作られた町々があり、その古い城壁の下方には川が滑るように流れている。私はアドリア海とトゥスカナ海について語ろうか。それとも大きな湖について語ろうか——汝、コモ、最も大きな湖よ、そして汝、ガルダ湖よ。高い波は海の咆哮を真似ているのか。それとも、港と、ルクリーヌス湖に作られた邪魔者のような防波堤と、怒りをぶちまけている海について語ろうか。……この同じ土地は地下の割れめから銀の流出と青銅の鉱脈を生みだし、洪水のように金を吐きだす。ここは、かつて、獰猛な血統の男たち、マルシー人、サビーニー人、苦境に強いリグリア人、槍に秀でたボルスキ人を生んだ土地だ。またここは、戦争で鍛えられた、デキウス、マリウス、大カミッルス、そしてスキピオの血統の者たちを生み、とりわけ、汝、最も偉大なるカエサルを生んだ土地だ。カエサル、汝は、最も遠方のアジアの地でも勝利の戦いを進め、ローマ軍が陣取る丘々から、意気地ないインド人たちを撃退する。（「イタリア讃歌」、『農耕詩』二巻一五五－七六）

ローマの詩人ウェルギリウスは紀元前七〇年一〇月一五日に〔北イタリアの〕マントヴァにちかい、アンデスという村に生まれたと言われている。のちの古代の著作家マクロビウスは、ウェルギリウスは「ヴェネト（ヴェネチア）で、ヴェネチア人の両親から生まれ、森林や茂みのあいだで育った」と言っている。(1) 彼はクレモナとミラノで教育を受け、その後ローマに行った。それから彼はナポリでエピクロス主義者のコミュニティに加わった。これは都会の社交と政治からしりぞいて哲学的な会話を楽しむ生活を勧める集まりであった。彼は四〇代の後半の頃に最初の重要な著作、『牧歌』Eclogue を書いていた（たぶん前三九－八年に発表された）。これは十篇の田園詩からなる著作で、このうちの一篇は、オクタヴィアヌス（のちのアウグストゥス）がユリウス・カエサルの殺害者たちと戦った内戦のあと、前四二年に退役兵の入植のために行なった、土地の没収をテーマにしている。古代の伝記が伝えるところでは、ウェルギリウスの父の農場も没収の対象のひとつとなった。

ウェルギリウスはやがて、文学のパトロンでオクタヴィアヌスと親しいマエケナスのサークルに入った。そして、ウェルギリウスは農業に関する教訓の形をとった四巻の『農耕詩』Georgics をマエケナスに捧げた。これが発表されたのはたぶん、前二九年であるが、この年はアクティウムの決戦の二年後、つまりオクタヴィアヌスがアントニウスとクレオパトラを打ち破り、その結果、二〇年におよぶ内戦を終わらせた年の三年後で、オクタヴィアヌスの三重の勝利の年であった。ウェルギリウスは、人生最後の一〇年間は、『アエネーイス』の著作に専念した。これはトロイの英雄アエネアスの戦いと〔その後の〕流浪の旅についての、ホメロス〔のイリアスとオデュッセイア〕ふうの叙事詩である。アエネアスは、ローマの母体となった都市の創設者で、アウグストゥスの祖先である（オクタヴィアヌスは、ローマにおける彼の支配権を固めた前二七年にこの名前をもちいた）。ウェルギリウスはギリシャへの旅行の帰路、前一九年九月二〇日、『アエネーイス』の完成を目前にして、〔アドリア海に面した古代の軍港〕ブルンデジウムで、熱病で死んだ。自分の詩を焼き捨ててほしいという、臨終にさいしての彼の願いは、アウグストゥスによってしりぞけられた。

ウェルギリウスはただちにローマの国家的詩人として聖人の列に加えられた。そして彼の著作、とりわけ『アエネーイス』はのちの西洋の中心的古典となった。実際、古典〔つまり古代ギリシャ・ローマの文芸〕の伝統についての歴史は、大部分、ウェルギリウスの受容の歴史という点から書くことができた。主要な三つの作品のすべてにおいて、彼は、個人がそのより広い環境と自然の世界にたいしてもつ関係のありかたにたいする、深い関心を示している。ウェルギリウスの複雑で思いやりに満ちた感受性は、のちのヨーロッパと北アメリカの諸世代が、世界のなかでかれらの文化と社会が占める場所を概念化し視覚化してきたその途上に、影響の跡を残しているが、この影響の本性を概括して述べるのは困難である。というのはウェルギリウスは詩人であって、体系的な思想家ではないからである。詩人としての彼の偉大さの特徴のひとつは、一般的なものであれ哲学的なものであれ、自然界とそのなかにおける人間の位置に関して古代の人びとがとった姿勢とその伝統のあらゆる範囲にたいして、彼が開かれた態度をとっていることである。さらに、人間とその環境にたいするウェルギリウスの姿勢は、彼が著作を行なった異なるジャンルによってある程度決定されているということである。

三つの主要な著作は外見上必然的な繋がりをなしており、古代においては、牧畜から農業へ、そして都市生活へという人間の文明の歴史を反映していると、しばしば見なされた。『牧歌』は人間社会の素朴な形態を舞台としている。一人一人の羊飼いはたがいに友情で結びつけられており、彼らが飼う動物たちとの、また彼らが住まっている風景との親密で問題のない関係性を理想的なしかたで享受している。『農耕詩』は土地を耕作するのに必要な熟練と技術を扱っている。自然——動物、鉱物、そして植物——にたいする人間の関係はいまや、協力的な平和共存の関係であるとともに、帝国主義的で軍国主義的な支配の関係でもある。『アエネーイス』においては、軍事機構により世界を征服する、偉大なローマという都市とその国民の創設が究極のテーマである。だがそれはまたイタリアについて、そしてイタリアの農業社会と風景についての詩でもある（首都以外で生まれた多くの有名なローマ人と同様、ウェルギリウスはローマと彼の郷里の町マントヴァの両方を大切に感じた）。初期の作品である『牧歌』と『農耕詩』のこだまは、都市の支配的エリートたちのために書かれた詩（『アエネーイス』）のなかで場違いな感じを与えてはいない。これらのエリートたちの多くは、利益を生む大きな土地を田舎に所有しており、農業に現実的な利害関心をもっていた。[2] そして彼らの家の壁にはロマンチックな田園の風景が描かれていた(3)。

過去二千年の大半、田園的・牧歌的なものの観念はおもにウェルギリウスによって生みだされ伝えられてきた。〔ヨーロッパでは、一二世紀ごろまでの〕数百年間、ギリシャ語が知られていなかったために、ウェルギリウスのモデルである、テオクリトスの牧歌 Bucolics は近づくことができなかった。そのあいだに半現実主義的な土臭いジャンルとしての田園的・牧歌的なものの起源が曖昧になってしまった。ウェルギリウスは、しばしば、彼の『牧歌』の「アルカディア〔理想的に簡素な田舎〕」を発明したと信じられている。それは夢のような風景で、人びとは芸術をとおしてかあるいは物理的な環境を直接に操作するかして、そのなかに入りこもうと試みる(4)。『牧歌』の世界はテオクリトスふうの先祖に比較してより様式化された人為的創造物であるが、アルカディアはウェルギリウス的田園風景のひとつでしかなく、中心的重要性をもつものではないと言える。ロマンチックな恋物語をともなったアルカディアの近代的な観念は、ウェルギリウスをヒントにした、とくにイタリアの詩人ヤコポ・サンナザーロの『アルカディア』における、ルネッサンス的彫琢の産物なのである。

ウェルギリウスの牧歌的ヴィジョンの中心をなすものは、自然と調和した生活の感覚である。だが、それは外部からは戦争と土地の没取というかたちで、そして内部からはとくに性愛の情熱というかたちで、両面から崩壊しそうなのである。完成の極致は羊飼いが女友達と一緒にいて幸福であり、その愛の歌が共感的な自然からこだまとなって戻ってくるという、私的な様相を示すかもしれないし(『牧歌』一巻)、あるいは、ユリウス・カエサルの神格化を暗示する、神のごとき英雄の昇天を全自然が喜ぶ（『牧歌』五巻）という公的な様相を見せるかもしれない。自然界がローマの都とその支配者の正義と不正義に共感してさかんに花開いたり、勢いを失って萎んだりするという発想は古代のものであり、ウェルギリウスの全作品に表れている政治についての比喩的描写のなかに、しっかりと組みこまれている。ウェルギリウスはまたヘシオドスの黄金時代という観念——未開のエデンの園であるとともに、救いをもたらす支配者の介入によって回復されるべき天国でもある（『牧歌』四巻、『アイネーエス』六巻七九一－四）黄金時代という観念(5)——の西洋的伝統を広範囲に流布させた主要な人物である。『牧歌』のなかでは、（エピクロス的かつストア的な）自然にしたがって生きる生という哲学的観念が、片田舎の簡素で不満のない生活を都会の不満足な贅沢に対置する、通俗的な世間の道徳的伝統と重なりあっている。これらさまざまな観念の複合体が、『農耕詩』第二巻の結語のなかでプログラム的に農場における有徳な生活を勧めるさいに、また、もっとニュアンスに富んだかたちでは『アイネーエス』において原初のイタリアにおける生活をさまざまに描写するさいに、重要な役割を果たしている。

『農耕詩』の最後の二巻は二つの非常に異なる視点から見られた動物を扱っている。一方では動物は人間に役立てるために情け容赦なく搾取される運命にある。年老いた馬は無慈悲に捨てられる。他方、動物の行動や感情の記述のなかに、一貫した、ときにはセンチメンタルな擬人観が存在し、それは第四巻における蜂飼いの教訓とともに頂点に達する。そこでは蜂の巣箱はしばしば理想化されたローマ社会の縮小された複製なのである。蜂はユニークに進歩した種だという見解はアリストテレスに遡るが、一般的に、古代の異教の人びとはキリスト教文化の種差別とは対照的に、広範な見解を、少なくとも理論においては、動物の王国への敬意を要求する主張に合うように調節した。

歴史と鋭い時間感覚が『農耕詩』と『アエネーイス』の風景のなかに入りこんでいる。冒頭に引用した、突き出た岩山の上に作られた町なみをとり囲む古代の城壁と、その足元を流れる川についての叙述に見られるように、環境は過去の諸世代の生活の跡をとどめており、それらは愛国的で古い時代の物を愛好する郷愁を呼びおこす。風景は現在の眼前に遠い過去をもたらすかもしれないが、それはまた、察知されずに変化させられるかもしれない。『アエネーイス』八巻でアエネアスは、〔その子孫で、ローマを建設したとされる〕ロムルスとレムスの兄弟が生まれる数百年前に、ローマの地を尋ねる。そして当時そこに住んでいた有徳なアルカディアの王に案内されて、原始的な小屋が立ちならび小さな家畜や牛たちがまわりで遊んでいる入植地の周辺を歩く。だが、語り手のウェルギリウスは、現在の、大理石で作られ金箔がほどこされた目の眩むような壮麗な建物を、同時代の読者にたえず思いおこさせる。ここにはちっぽけな出発点から、よろめきつつもしだいに成長してきた文明にたいする典型的なローマ人の自負心がある。だが、また、もはや贅沢が魅力をもたなくなった時代の、もっと簡素で有徳な過去にたいする郷愁があり、そしてまた、このプロセスが逆転してローマが半牧歌的な風景に戻るかもしれないということへの半分意識された不安がある。そしてエドワード・ギボンは、傍らで裸足の修道士たちが夕禱の時刻を告げる歌を歌っているあいだ、この半牧歌的な風景をカピトルの丘に座ってじっと見つめていたときに、『ローマ帝国の衰退と滅亡』*

を書くというアイデアが浮かんだのだった。

ウェルギリウスの過去にたいする感覚は、ともにウェルギリウスから深い影響を受けたプーサンやクロード・ロランのような一七‐八世紀の風景画家の、古代にたいする古典期以後のノスタルジアと合流する。クロードの絵画はとくに英国で人気があり、英国では彼の絵の古典との結びつきと外観はランドスケープ・ガーデニング芸術のなかで模倣されている。ストゥアヘッドの庭園のようないくつかのランドスケープ・ガーデンは、明白なウェルギリウス的プログラムにしたがって設計されたものである。(6) ウェルギリウスの世界観は、『農耕詩』をモデルとした一八世紀の記述的な〔忠実な描写を行なう〕詩、とくに、大変人気のあるジェームズ・トムソンの『四季』などをつうじても伝えられている。(7)

環境にたいする人間の関係性についてのウェルギリウスの見解は多面的である。ローマ帝国は、あるときはストア哲学に彩られた人間と自然の宇宙的共感の歴史的な実現であり、またあるときは、憤激する人びとと風景にたいする、暴力的で道徳的に問題の多い征服である。人間は農業の恵みをもたらすために森林を伐採する。だが、木々は犯すべからざる神聖な生きた対象でもある。都市の風景は人間の文化的、政治的な進歩の証明である。だが都市は、有徳な原初の生活が贅沢のなかで崩壊していく舞台でもある。人間の科学と技術は驚きと感嘆の対象である。だが、自然界の秘密に接近する秘儀と畏敬にふさわしい場所がある。人はウェルギリウスの不整合を責めることができるだろうし、あるいは、彼に、進んだ都市文明の複雑さとディレンマに関する最高に鋭い感覚をもった解説者を見ることもできるだろう。紀元前一世紀後半のローマと、キリスト教後の高度なテクノロジーを有する二十一世紀の地球規模の社会とのあいだの大きな違いにもかかわらず、現代社会の複雑さのいくつかを、ウェルギリウスは、やはりよく知っていたのである。

注

（1） *Saturnalia*, 5.2.1.〔著者のマクロビウスは紀元三〇〇年前後に活躍した著作家、哲学者。*Saturnalia* はおもにウェルギリウスの文学的評価をテーマにした七巻の対話篇。〕

（2） 上流階級のローマ人たちの自然にたいする関係性については以下を見よ。G.B. Miles, *Virgil's Georgics: A New Interpretation*, Berkeley and Los Angeles, CA, and London : University of California Press, chap. 1, 1980.

（3） ロマンチックな風景画と、その文化的背景については以下を見よ。E.W. Leach, *The Rhetoric of Space. Literary and Artistic Representations of Landscape in Republican and Augustan Rome*, Princeton: Princeton University Press, 1988.

（4） B. Snell, 'Arcadia: The Discovery of a Spiritual Landscape', in *The Discovery of the Mind*, Oxford: Blackwell, chap. 13, 1953.

（5） P.A. Johnston, *Vergil's Agricultural Golden Age: A Study of the Georgics*, Leiden: Brill, 1980; H. Levin, *The Myth of the Golden Age in the Renaissance*, London: Faber & Faber, 1970.

（6） M.J.H. Liversidge, 'Virgil in Art', in C. Martindale (ed.), *The Cambridge Companion to Virgil*, Cambridge: Cambridge University Press, pp. 99-101, 1997.

（7） L.P. Wilkinson, *The Georgics of Virgil. A Critical Survey*, Cambridge: Cambridge University Press, pp. 299-305, 1969.

＊　中野好夫訳『ローマ帝国衰亡史』全9巻、筑摩書房、一九七六年。村山勇三訳『ローマ帝国衰亡史』全10巻、岩波文庫、一九五九年。

■ウェルギリウスの主要著作

岡道男、高橋宏幸訳『アエネーイス』〈西洋古典叢書〉、京都大学学術出版会、二〇〇一年。

泉井久之助訳『アエネーイス』〈岩波文庫、上・下〉、岩波書店、一九九七年。

河津千代訳『牧歌・農耕詩』〈新装版〉、未來社、一九九四年。

アシジの聖フランチェスコ
St Francesco d'Assisi　1181/2－1226

〔聖フランチェスコは〕あらゆるものの原初の起源を考えたときに、彼ははるかに強い敬虔の念で満たされ、どんな小さな生き物であっても、兄弟、姉妹と呼びかけた。なぜなら、彼はすべての生物が彼自身と同じ起源を有することを知っていたからである。(1)

一見したところでは、アシジの聖フランチェスコはわれわれにパラドックスを提出しているように見える。一方で、フランチェスコはキリスト教世界のなかでは、最もよく知られ、最も尊敬されている聖人の一人である。彼の被造物にたいする愛と思いやりは伝説になっている。一九八〇年に、教皇ヨハネ・パウロ二世がフランチェスコをエコロジーの守護聖人だと宣言したときに、彼はまさしくフランチェスコが被造物にたいする友愛の力強い模範として世界じゅうに訴える力をもっていることを認めたのである。しかし、他方で、彼を聖人の列に加えたキリスト教の伝統は、いまも彼を尊敬し、褒めたたえ、擁護しているのだが、その同じ伝統が——弁明をしていないわけではないが——現在の環境の危機に直接的な責任があると言ってもよいほどに、創造物にたいする配慮をまったく欠いているると非難されているのである。このパラドックスを理解することは、聖フランチェスコの生涯とその現代の環境問題にとっての意味の両方を知る鍵を提供してくれるかもしれない。

没後まもなく伝説のなかに包みこまれてしまったが、フランチェスコの生涯の基本的な諸事実はやはり復元可能である。彼は一一八一年か一一八二年にアシジ〔イタリア中部、ウンブリア地方の町〕で、ペーター・ベルナルドーネという裕福な織物商人の息子として生まれた。若いときのフランチェスコは放蕩と浪費で評判になった。一二〇四年にかかった病気が長びき、騎士として生きていくことをあきらめた。その年の数々の出会いと経験が彼の人生を劇的に変えた。一二〇四年の終わりか一二〇五年の初めに、彼は最初の幻視体験をもったようである。その同じ年に、貧民との偶然の出会いから彼は貧困および苦しみと向かいあうことになった。だが、彼の人生を変えたのは、中世の見捨てられたすべての人びとのなかで、最も軽蔑され最も恐れられた、ハンセン病患者との出会いであったようである。

彼の父をおおいに悲しませたことに、彼は騎士としてそして商人として成功しようというはじめの意欲を放棄し、持ち物を売り払い、貧困生活を受け入れた。彼は父の家を辱めたと告発され、一二〇六年に管区の裁判所の前に引き出された。だが、司教のアシジのグイドー二世が彼の味方をしてくれた。一二〇六年ごろ、フランチェスコはサン＝ダミアーノで有名な幻視を経験し、教会を再建せよという呼びかけを聞いた。一二〇六年から一二〇八年のあいだ、隠修士（世捨て人）として生活を送っているときに、サン・ピエトロ寺院と、ポルティウンクラ〔地名。小さな恵みの意味〕のサンタ・マリア・デリ・アンジェリ〔天使の聖マリア〕寺院の礼拝堂を修復した。一二〇九／一〇年ごろ彼は会則を定め、教皇の承認を得ようとした。教会の改革を確固としたものにしようと懸命になっていた教皇イノケンティウス三世は、フランチェスコに謁見を許し、ついで彼と彼の追随者の集まりを、カトリック教会内部の遍歴して説教を行なう修道会として公認した。「修道士たちの福音の伝道にたいする熱望、大きな喝采を浴びた彼らの説教、イエス・キリストのまねびとしての物的所有の拒絶、そして彼らの遍歴生活の様式が、イノケンティウス三世の気に入った」(2)。共同体は成長し、以後一〇年以上にわたり拡大をつづけた。そして一二一五年の第四回ラテラーノ会議の勅書で最高潮に達する、教皇の教会改革の道具となった。

最初から、われわれはフランチェスコの仕事が、カトリック教会内部の認可された改革の実験であったことを見てとることができる。教会にたいする、とくに彼を支持してくれた教皇の職にたいする、フランチェスコの忠実さには非のうちどころがなかったが、彼は与えられた特別の地位を使って、福音を彼の考えどおりに徹底的に単純なものとして、自由に説教した。一二〇八年の二月にポルティウンクラでのミサに出席して、「使徒が〔イエスにより〕説教するように任命されたという福音書の文章〔ルカ九・一～三〕」を聞いたときに、フランチェスコの人生は決定的に変容したと言われている(3)。エコロジカルな神学の観点から特別の注意に値する、彼の聖職者としての仕事ぶりに四つの特徴がある。

第一の特徴は質素さに関係する。すでに見たように、フランチェスコは父の財産をもらうことを拒否し、ぼろぼろのチュニック〔簡単なガウンのような上着〕とサンダルを身につけたことで物議をかもした。これはわざと行なったことなのではない。それはイエスが貧しいもの、見捨てられたものと自己を等しくしたことを真似ようとする試みであった。こうすることで、フランチェスコは物質的な富はスピリチュアル（霊的）な進歩にとって障害になるという、福音に深く根ざした考えにしたがって生きたのである。当時の他のほとんどのクリスチャン――司教や僧侶も含めて言われなければならないことだが――は蓄財をなんら問題と考えなかったが、フランチェスコはそれと異なり、質素な生活を福音の道徳的要求だと見なした。したがって、彼が定めた規則は、贅沢な物を食べること、高価な上着を着ること、あるいは金を貯めることを彼の修道士たちに禁じた。[4] 質素さは貧しい者のなかで最も貧しい者として生き、そしていっさいの物を他の人びとと共有することを要求した。

第二は被造物にたいする親しい態度に関係する。フランチェスコは、福音は「すべての被造物」に説教されるべきだという要求を文字どおりに受けとめた。聖ボナヴェントゥラによる彼の伝記にもとづく冒頭の何行かの文が示しているように、フランチェスコは、神により創造されたすべての被造物の血縁関係と、生命のあるものにもないものにも、被造物のうちの最も小さなものにまで広げられたその愛の福音を賛美した。仲間の生き物はわれわれの「兄弟」、「姉妹」である。そのような血縁関係あるいは宇宙的な連帯の観念はそれとなく福音のなかに含まれており、創造主である神についての教義によって要求されていると言えるだろうが、フランチェスコの創造にたいする強い尊敬の念は、伝統的な神学から見れば、ひどく偏ったものであった。中世の神学は人間と動物のあいだに鋭い区別を見、（ほとんどの伝統がそうであったように）地上の事物と精神的／宗教的事物とを対照的に捉える、強い二元論的思考を行なっていた。他の生物を親しい友達、親戚縁者と見るフランチェスコの考え方は完全に正統なものであったが、にもかかわらず、おおいに反体制的であった。

第三は心の広さに関係する。フランチェスコはすべての生物がその共通の創造主によって結びつけられているという存在論的結びつきを意識していただけではなく、その結びつきを道徳的な広い心でなされる行為をつうじて表現しようとした。「彼は博愛の精神で溢れていた」と、フランチェスコの没後すぐに彼の伝記を書いたチェラノのトマーソは言う、「そして、窮乏に苦しむ人間だけでなく、ものを言えない動物、蛇やトカゲ、鳥、あるいは感覚をもたないその他の生き物をも哀れんだ」[5]。この点でフランチェスコを理解する鍵は、人間はキリストの真似をするようにと呼びかけられており、それゆえ、キリストのような広い心を、あらゆるもののなかで最も小さいものにたいしてさえも、そして最も小さいものにたいしてはとくに、表さなければならないという、彼の深い考えのなかに見いだすことができる。フランチェスコの無数の物語は、他の生物に結びつく彼の同胞愛を証明している。彼は虫けらでさえも愛したが、それはたんに、「私は虫けら、とても人とは言えない」という〔「詩篇」第二二章七節の神の偉大さを讃えるダビデの歌の〕言葉を思い出させたからというだけでなく、チェラーノが言っているように、根本的には「彼は溢れる愛で輝いていた。……そんなわけで彼は道に虫がいると、通行人の足で踏みつぶされないように、それをつまみ上げ安全な場所に移したのだった(6)」。

彼のこのような徹底した態度を評価するためには、人は、フランチェスコと比較的近い時代の人である聖トマス・アクィナスの思想と比較して見るだけでよい。聖トマスにとっては動物と人間のあいだには絶対的な区別があった。そして人間は動物とはけっして「仲間の関係」をもつことはできなかった。なぜなら、動物は非理性的だったから。二人ともカトリック教会の内部では、列聖された聖人であり、褒めたたえられた人物であったが、彼らのあいだの違いはほとんど全面的なものだった。フランチェスコは人間が動物にたいして支配権をもつことは認めたが、彼はこの力をキリスト論的に、つまり奉仕という観点で解釈した。ポール・サントマイアーが述べているように、聖人は「徹底的に、具体的なキリスト中心的な〔他者にたいする〕献身を示したのだ……。彼はキリストに似た、自然の召使になったのだ(7)」。

第四は賛美にかかわる。たんにわれわれが利用するために存在するという、被造物についての完全に道具主義的な見方とは対照的に、フランチェスコは被造物からなる世界を賛美の場だと考えた。彼は、自分たちの創造主を褒めたたえる生き物たちについて語っている、詩篇のなかの詩をそのおりに受けとめ、すべての事物、生命をもたない事物においても神の愛への応答を見いだした。彼の有名な「兄弟である太陽に捧げるカンティクル〔聖歌の一種〕」は、創造主を褒めたたえる被造物にたいしての、じつに素晴らしい神の顕現である。普通は無意識の物質と見られるけれども、彼は、太陽、月、風、水、火を神の宇宙的な意識の一部と見る。ある解説者が述べているように、「われわれは〝もの言わぬ自然〟と言うが、フランチェスコにとっては、自然は〝ものを言わない〟どころではなく、大声で歌を歌い、創造主の美しさを証言している」のだ。(8)

フランチェスコの生の神学的な重要性は、時の終わりに最終的に完成される、被造物世界の平安な状態を〔この世で〕あらかじめ表したものと理解しうる点にあると言える。そのような終末論的な意識はフランチェスコの時代には広く見られた。そして、何人かの著者が示唆しているように、聖フランチェスコは〔終末で実現する〕この世界における神の王国の完成を先取りしており、その結果、彼は、この世で、来るべき王国の掟——清貧、謙遜、無私の愛、従順——にしたがって生きたのだ。ロジャー・ソレルが説明しているように、「聖人伝の著者たちは、……生き物たちの彼にたいする応答は、神の召使い〔＝フランチェスコ〕にたいする生き物たちの尊敬と、神、人間、そして残りの被造物のあいだの調和の回復のはじまりとを証明している、と考えたが、フランチェスコがこの考えを共有していたことは間違いない(9)」。チェラーノとボナヴェントゥラの書いた伝記はこの見解に強い支持を与えている。

たとえば、フランチェスコが、兄弟である火を甘受し、火傷を負わなかったとき*、チェラーノは「彼はその火を原初の無垢で無害なもの［ad innocentiam primam］に戻したのだ。なぜなら、彼が祈ったときに、彼にたいして、残酷な事物はおとなしくさせられたのだから」と信じた(10)。同じように、ボナヴェントゥラは、「神の神聖なる力により、その凶暴な獣は彼にたいして心を引きつけられた**。

また、生命を欠いた被造物も彼の意思にしたがった。あたかも原初の無垢で無害の状態へと戻ったかのように、彼はそれほど善良で、それほど神聖であるように思われた」と報告している[11]。もしそのような終末論的な動機づけが認められるならば、フランチェスコの著作と彼の聖職の務めは、ロマンティックな修辞でも、常軌を逸した実践でもけっしてなく、神の永遠の意図にかなった時間と空間のなかにおけるひとつの顕現である。

フランチェスコの模範がその後の数世紀にわたるキリスト教の思想と実践によって、その輝きを失ってきたのは、おそらく必然的であった。これと著しく対照的な聖トマス――さまざまな仕方で近代的なローマカトリック教会の基礎を与えた人――の態度はより強力で非常に大きな影響をおよぼし、数世紀にわたって人間以外の存在を軽視し、ときには冷淡にさえ扱うことの先触れとなった。フランチェスコは記憶され、尊敬されている。そして彼の模範にたいするリップサービスさえも行なわれている。しかし、彼はスコラ神学の発展にはほとんど影響を与えなかった。そして依然として多くのクリスチャンが、またフランチェスコ派でさえも、そしてとくにフランチェスコ派は、彼の聖職者としての側面と比較して生態系と動物にやさしい側面を低く評価していると言わなければならない。

だが、歴史上の神学により形づくられてきた、被造物にたいする道具主義的で功利主義的な態度への不満が高まっており、それが教会に属する人びとと神学者たちに、伝統を吟味しなおし、そのなかにある純粋だが軽視されてきた被造物にやさしい要素――とくにフランチェスコ自身――を再発見するようにうながしているという兆候がある。「聖フランチェスコは、被造物の一部である理性をもたない存在への、変わらぬ親切さと誠実な愛の模範として、われわれの前にいる」と、教皇ヨハネ・パウロ二世は一九八二年三月一二日にアシジにおける説教で述べた。そして「われわれもまた同様の姿勢を取るように呼びかけられているのだ」と彼はつづけた。「神の姿に似せて造られたわれわれ人間は〝自然の不注意な搾取者、破壊者としてではなく、知的な主人かつ高貴な守護者として〟聖フランチェスコを被造物たちのあいだに、いま、現われさせなければならない(12)」。

注

(1) St Bonaventure, in *The Life of St Francis*, ed. Ewert Cousins, New York: Paulist Press, pp. 254-5, 1978.
(2) Michael Robson, *St Francis of Assisi: The Legend and the Life*, London : Geoffrey Chapman, p. 90, 1997.
(3) Ibid., p. xxxi.
(4) 聖フランチェスコの菜食主義については異論はあるが、彼のコミュニティが禁欲主義的で質素な食事をしており、肉はめったに食べなかったことは明白である。
(5) Thomas of Celano, *Vita Prima* 59, in H. Paul Santmire, *The Travail of Nature*, Minneapolis, MN : Fortress Press, p. 108, 1985.
(6) Thomas of Celano, *Vita Prima* 59, in Roger Sorrell, *St Francis of Assisi and Nature*, Oxford : Oxford University Press, p. 46, 1988.
(7) Santmire, op. cit., p. 109.

（8） David Kinsley, 'Christianity as Ecologically Responsible', in *This Sacred Earth: Religion, Nature Environment*, ed. Roger Gottlieb, London: Routledge, p. 123, 1996.
（9） Sorrell, op. cit., p. 54.
（10） Thomas of Celano, *Vita Secunda* 166, in Sorrell, ibid., p. 52.
（11） St Bonaventure, *Legenda Minor* 3: 6, in Sorrell, ibid.
（12） Pope Jhon Paul II, Message on 'Reconciliation', *L'Osservatore Romano*, 29 March 1982, pp. 8-9. 最後の二行はローマ教皇の先の回覧状「人間の贖い」からの引用である。
＊ フランチェスコは、目の治療のために、教皇が派遣した医者による、焼き鏝を額にあてる治療を受けたとき、「兄弟である火よ。私にやさしく思いやりのあるところをみせておくれ、……」と祈ったという。（ジュリアン・グリーン／原田武訳『アシジの聖フランチェスコ』四〇八頁）
＊＊ アゴッビオという町の近くに住む巨大な狼が人を襲い、町の住民を震えあがらせていたが、フランチェスコが狼と話をしておとなしくさせたという話が伝わっている。（田辺保訳『聖フランチェスコの小さな花』第二一章）

■聖フランチェスコに関する主要著作

ジュリアン・グリーン／原田武訳『アシジの聖フランチェスコ』人文書院、一九八八年。

田辺保訳『聖フランチェスコの小さな花』教文館、一九八七年。

G・K・チェスタトン／生地竹郎訳『久遠の聖者――アンジの聖フランチェスコ　聖トマス・アクィナス伝』春秋社、一九七九年。

王陽明
Wang Yang-ming　1472－1528

人は宇宙の心である。根底においては、天と地とすべての事物が私の身体である。私自身の身体における病気や苦痛でないような、一般大衆の悩みや苦しみがあるだろうか。自分の身体における病気や苦痛を知らない者は正・不正の意識をもたない人びとである。正・不正の意識は熟考することなしに人が所有する知識であり、あらかじめ学ぶことによって獲得しておくことなしに所有している能力である。それはわれわれが内在的な知識と呼ぶところのものである。(1)

王陽明（王守仁）は、中国明王朝期（一三六八－一六四四）の最も影響力の大きかった儒学の思想家で、新儒学——すなわち一方の程伊川（一〇三三－一一〇七）および朱子（一一三〇－一二〇〇）と、他方の程明道（一〇三二－八五）および陸象山（一一三八－九二）の哲学の二つの主要な傾向を批判的に継承した人である。そこで彼は新儒学の哲学を完成させた、一種の総合家と考えられた。王は若いときには禅仏教と道家思想によって大きな影響を受けたが、のちに、それらは社会的諸関係から逃避する一種のことなかれ主義を表していると考え、放棄した。長いあいだ、非常に過酷な状況のなかで思考に集中し、三七歳のときに突然、禅師のように悟りを得た。かつて若かったときには、王は心の外の事物に思考を集中したのだった。なぜなら、彼の先駆者である朱子は「偉大な学問」〔『大学』〕の重要なテーゼ〔格物致知〕は、事物の研究が知識を拡大し意思を正しくすることになるということを意味すると解釈していたからである。王は庭の竹林を一週間観察しつつ、思考に集中し、そして病気になった。のちに彼は方向を変えて、心の内側に集中した。そして彼は知識と行為を結びつける良知という考えに到達した。もし人が自分の心と外の事物とを区別し、心を外の事物から切り離すならば、そして、自分の心の外にある事物にのみ関心をもつならば、そのときには、その関心は容易に自分の心、つまり行為しようとする意思と結びつくことはないだろう。彼は熱心な学問家であり、自分の結婚式の当日に、ある道家の思想家との議論に熱中し、式に出席するのを忘れてしまった。彼はその時代の有能な将軍であり、多くの反乱軍を討伐したことで、将軍として大きな名声を勝ちとった。彼にとっても、天理としての良知を曇らせる心のなかの利己的な願望にうち克つことはそれほど容易な仕事ではなかった。彼は「山のなかの反乱者に打ち勝つことは容易だが、心のなかの反乱に打ち勝つことは難しい」と言った。一五二七年、彼はある反乱を討伐するよう求められた。だが、このとき彼は重い病に苦しんでいた。反乱軍を打ち破って家に戻ったあと、彼は五七歳で死んだ。彼は死の床で、自分が内部の敵、人間としての願望に打ち勝ったと感じたにちがいない。彼の最後の言葉は、「私の心は光で満ちている。これ以上言うべきことはない」というものだった。

王陽明の道徳哲学の最も基本的な要求は、知識と行為の統一〔知行合一〕であった。すべての道徳的目的のためになされる必要のある唯一のことは、心の「良知」（直観的な知識、ないし良心）を生みだすことである。もし人が、何かなすべきことを知っており、そしてそれをしないとするならば、この知識は、王にとって、その人が実際には知らないということを意味する。これは、R・H・ヘアが記述主義と対照させて指令主義と呼ぶところの現代の理論をわれわれに思いおこさせる[2]。環境倫理における道徳に関する決定的な事柄は、環境に関してどのような問題があるかということではなく、われわれは何をすべきかということなのである。これが、王陽明の道徳哲学は環境倫理に適用したときに最も有望であることの理由のひとつである。「知ることは行為の端緒であり、行なうことは知識の完成である。人が望んだ結果に到達する方法を知っていると言うときに、たとえ、知っているということしか語られていないにせよ、そこにはすでに、するということが含まれている。同様に、人が行為についてだけ語っているにせよ、そこには知っていることもまた含意されている[3]」。

よく知られた「天は知っている」という表現は、儒学のある解釈から生じている。たとえ、地上の誰一人として知らないにせよ、天はわれわれの良い行為も悪い行為も見ていると言われた。そこで、もし誰かが何か悪いことを行なって、罰を免れたとするならば、そのときには、天がいつかその人間を罰するだろう。なぜなら、天は、完全に公平だと信じられていたから。（天の復讐は遅くても確実である。）そこで人びとは、孤独のなかで自己の修養に努めるのがよいとされた。また、人が、彼自身の失敗によるものではない困難な状況に陥ったときには、つぎのような信念のなかに慰めを見いだすことができる――「天は人に使命を与えるまえに、ひとつの試練を課する」、あるいは「誠実さは天を動かす」。王はかつてつぎのように語ったことがある。「私の良知の哲学は百の死、千の苦境から生まれた」。そのような考え方は、たしかに、儒教文化の影響下にある人びとが、彼らの公平の道徳を実行するのに役立ったであろう。

誰でも、儒教の黄金律「己の欲せざるところを人に施すなかれ」（『論語』一二・二、五・一二）を知っている。これが仁の精神である（慈悲あるいは愛、通常は人間愛と訳されている。しかし仁は人間愛をはるかに越えてすべての事物におよぶものだ）。仁はしばしば他の五つの徳（子の敬虔、〔臣下の〕忠誠、配偶者間・兄弟間の秩序にしたがう愛、友達のあいだの信頼〔五倫は父子の親、君臣の義、夫婦の別、長幼の序、朋友間の信であるが、このテキストでは、夫婦と兄弟が同じ「秩序にしたがう愛」とされている〕）と並列される。だが、仁はたんに代表的なものであるだけでなく、根本的なものでもある。というのは、仁はそれによって他の徳が正当化される基礎を形づくっているからである。もしこの解釈が可能であるならば、孔子が指摘したかったことは、ある意味で、ヘアやピーター・シンガーのような西洋の最近の道徳哲学者たちによって共有されている、道徳に関するひとつの論理的なテーゼであった。というのは、これらの哲学者たちは、普遍化可能性（一般性という意味での普遍性ではない）が、道徳的判断の根本的な要求だと論じているからである。もしわれわれが仁を功利主義者の言う「公平な善行」のようなものだと解釈するとするなら、その場合には二つの立場のあいだの違いは何であろうか。

違いはこうである。功利主義理論の古いタイプのモットーは「最大多数の最大幸福」である。功利主義者はわれわれの道徳的な関心を、われわれ人間の種を越えて動物の福祉をも包含するように拡張し（ベンサムとシンガー）、さらにわれわれの関心を未来世代にまで拡張した。地球規模の環境の危機に直面して、人びとは、もし環境が危うくなれば、いかなる存在にとってももはや幸福はありえないということを理解した。そこで拡張された功利主義は、ある種の生態学的全体論の見方によって補強される必要がある。もしわれわれが、道徳的行為者として、さらにもう一歩、歩を進め、感覚をもった存在よりももっと遠くの存在にまで、道徳的な主体を拡張し、われわれの道徳的な考慮のなかに、人間活動に関係のある自然環境を含めるならば、そのときにはわれわれは王陽明の立場に非常に近づく。

今までのところでは、われわれは、西洋の道徳哲学者によって明示的に要求されている道徳的判断がそなえるべき二つの論理的条件（すなわち、指令的であるということと普遍化可能性）は、すでに非明示的には王陽明の哲学のなかに存在するということを見た。しかしながらこのことは、中国哲学によく通じている人びとからみれば、粗雑で偏りがあると思われるかもしれない。われわれがこれら二つの論理的な要件にさらに生態学的全体論の見方を加えるならば、つぎのようなものが生まれるだろう。

王陽明は程明道のもうひとつのテーゼ「仁は一体のものとしての宇宙の万物にたいする愛である」を批判的に継承した。このテーゼは、「天地は私自身と同じ根源をもち、万物は私と一体である」という仏教のテーゼと、「天地は私と一緒に生きており、万物は私と一体である」という荘子による道家のテーゼを受けついでおり、それらと関係がある。人は「仁」が万物の統一であるということを理解しなければならないと、王陽明は言った。王にしたがえば、われわれ一人一人、みな独自の心をもっているが、それは宇宙と一つなのである。「仁の人は天地と万物を一体のものとみる。もし一つでも〔宇宙のなかの〕物がその場所を奪われるなら、そのことは、私の仁がまだ十分には示されていないことを意味する」（八九〔荒木見悟編『朱子　王陽明』〈世界の名著 続4〉、三七六頁〕）。こうして仁は人間の徳の基礎であるだけでなく、それにしたがって天地がすべての物を生かすところの根源的原理なのである。仁は「止むことのない生産と再生産の原理である。仁は優勢で広大であり、それが存在しないところはないけれども、それにもかかわらず、その働きかたと成長の仕方には秩序がある。それが、仁が生産と再生産においてとどまることを知らない理由である」（九三〔同書三七七頁〕）。「われわれの本性は心の実体であり、天はわれわれの本性の源である。人の心を最大限に働かせることは人の本性を十全に展開することである。絶対的に誠実である人びとだけが本性を十全に展開することができ、天地の変換の働きと栄養を与える働きを知っている」（六〔同書三三一頁〕）。

すなわち、〔各人に〕内在的な根源的知識であると同時に宇宙の原理であるところの仁にしたがう、こうしたやりかたでこそ、統治者は社会と国家全体を統治するように期待されているのである。これが仁政つまり道徳的な政治と呼ばれる。もし人がとにかく自己と社会を一体のものとして捉えるなら、そして人びとが苦しんでいることを知るならば、そのときには、この〔人びとが苦しんでいるという〕ことは人びとを苦しみから救おうとすることの十分な動機になるだろう。なぜならば、知識と行為は結びついているからである。

王陽明の社会哲学のこの要素は、それが全体論的であるから、自然の見方に拡張することができる。環境倫理にとって最も重要なことは、仁はたんに人間の関心事の問題ではないと言うことである。

人は鳥や動物の鳴き声を聞くと心を動かされるだろう。なぜならば、仁が鳥や動物と一つになっているからだ。もし人が、動物は感覚を有すると言うならば、そのときには、人は草や木が枯れたり倒れたりしているのを見たときにも心を動かされるだろう。なぜなら仁が草や動物と一つになっているからだ。もしあなたが草や木は生き物だというならば、石の瓦が割れているのを見れば人は残念に思うだろう。これは仁が石の瓦と一つになっているらである。*

だがしかし、偉大なる師（孔子）はきわめて忙しく、あたかも道で迷子になってしまった息子を探しているかのように、心配していた。けっして長く座っていることがなく、席は暖まることがなかった。彼は人びとに彼を知ってもらい、また彼の言葉を信じてもらおうとしていただけなのであろうか。むしろそれは、彼の仁は天地と万物を一体と見るので、共感し、激しく、一途なものだったので、彼はたとえやめたいと思ってもそれをやめることができなかったからである。……ああ！　天地および無数の事物と真に一体となれる人びと以外の誰が、この偉大なる師の思いを理解できようか。（一八二［〈世界の名著　続4〉、四八三頁］）

もし共同体が閉じたものであれば、人びとはそれを全体とみなす傾向があり、また共同体のために彼ら自身を犠牲にすることも可能だろう。もし人びとがもうちょっとだけ目を高く上げ、全体としての自然を含むようにかれらの関心を拡大させるなら、かれらは自然環境を豊かにするためにかれらの労働を捧げることができるようになるだろう。人びとが一か所に定住し、大地に根を下ろした生活をするならば、かれらは自分たちの生存が健全な自然環境に依存していることがわかる。こうして東洋における社会倫理は、自然環境がかれらの社会に課する制限によって形成され、厳しく限定されていた。陽明の生態学的‐全体論的傾向は、長年にわたって、近代以前の日本の最も強固なイデオロギー的背景のひとつで、近代以前の日本においては自然環境は驚くほど豊かで持続的であった。熊沢番山（一六一九‐九一）は武士で陽明学者であったが、彼は、エコロジカルな政策と功績で有名である。

陽明の社会倫理と彼の思想のバイタリティは、日本が西洋にたいして門戸を開放したときに革命派の武士を鼓吹し、明治維新（一八六八年）を引きおこす原因となった。かれらはかれらが全体と考えたところのもののために、つまり、国家が独立を維持するということのために闘ったのであり、かれら自身の階級の利益のために闘ったのではない。かれらは革命が達成されたあとでは、自分たち自身の階級を廃止した。他方、長い鎖国後の日本の近代化の時期において、世論形成に重要な役割を果たした人びとのイデオロギー的背景は、主としてイギリスの功利主義によって影響を受けていた。陽明学と功利主義の両者が共有することのできたのは社会倫理であった。だが大きなギャップが自然に関する見方のなかにある。功利主義者の関心は感覚をもった存在の利益に集中されているのにたいして、陽明の関心は天の下で相互に関係しあっているすべての存在に向けられていた。だが、そのような生態学的で全体論的な見方は失われ、かわりに、西洋列強の圧力のもとで、西洋の二元論的な傾向が輸入され、自然にたいする支配が広がった。だが、産業と経済の巨人は環境を悪化させる巨人でもある。近代化の過程で払った犠牲はまだ全般的には認められていない。ほんの少数の哲学者だけが伝統的な儒教的自然観を見なおしはじめたにすぎない。その一人が著名な環境哲学者のJ・B・キャリコットであるが、彼は、儒教をディープ・エコロジーの一形態に分類している。

注

（1） *Instructions for Practical Living*, trans. W. chan, New York : Columbia University Press, 1963. 文中の参照を指示する数字は『伝習録』のページである。〔王陽明／溝口雄三訳「伝習録」、荒木見悟編『朱子　王陽明』〈世界の名著

続4〉、中央公論社、四八〇頁参照〕

（2） See R.M. Hare, *The Language of Morals*, Oxford: Oxford University Press, 1952.

（3） W. Liu, *A Short History of Confucian Philosophy*, New York : Delta, p. 171, 1964.

＊ 王陽明／長居龍二訳「大学問」、『大学・中庸』〈全釈漢文体系　三〉、集英社、一三一頁。この注の作成に関して、信州大学早坂俊廣氏の教示を受けた。

→キャリコット、荘子、シンガーも見よ。

■王陽明の主要著作

『王陽明全集』全10巻、明徳出版社、一九八三～一九八七年。
大西晴隆『王陽明』〈人類の知的遺産25〉、講談社、一九七九年。
荒木見悟編『朱子　王陽明』〈世界の名著　続4〉、中央公論社、一九七八年。
山下龍二『大学・中庸』〈全釈漢文大系三〉、集英社、一九七四年。

ミシェル・ドゥ・モンテーニュ　1533–92
Michel de Montaigne

私が飼い猫と遊んでいるとき、私が楽しく暇つぶしをしているのではなく、逆に猫のほうが私を相手に楽しく暇つぶしをしているのではないかどうか、誰が知ることができるだろう。(1)

モンテーニュは最もすばらしい、知的な対話の相手である。彼は非常に高い教養を身につけた地方貴族で、人生のほとんどをボルドーの近くの彼の地所で過ごした。彼は熟達した法律家で、ボルドー市長を二期務め、また、フランスが前代未聞の野蛮な宗教戦争によって蹂躙された時期には、国家の政治にも少々かかわりをもった。一五七一年に彼は、「平和と安全」と名づけた自分の書庫であり、彼自身の省察のための場所に隠遁することを誓った。この隠遁は彼の政治的な任務のために、また一五八〇－一年のイタリア旅行のために、おおいに妨げられたが、一五七一年は『エセー』を結果として生みだすにいたる研究と黙想と著作の年月のはじまりを示している。

一五八〇年に二巻本の『エセー』が出版され、継続的な編集で変更と追加がなされたが、その最も重要なものは、第三巻となって一五八八年に追加された。モンテーニュは死ぬまで彼のエセーに力を傾注した。そして一五九四年に出版された彼の死後の版は、テキスト本体への非常に多量の挿入を含んでいた。さてモンテーニュは、エセーを書くまえに、彼の著述のテーマを発見しており、そのテーマは彼自身であった。これはヨーロッパの思想の歴史における革命であった。モンテーニュ以前のいかなる著者も、神の恵みの例として、あるいは歴史的事件の目撃者として、自分自身に関する部分的な見解を示すというような場合を除けば、著者自身を自分の本で扱う対象にするなどということは一度もなかった。モンテーニュの『エセー』は、体系的なまとまりには欠けるが、きわめて多様な、彼自身の経験、彼の読書、彼の社会的なかかわり、彼の習慣、彼の環境、彼の思考、彼の感情、そして身体的な癖などにたいする彼自身の反応にについての、非常に知的で批判的な深い考察の集まりである。この本はヨーロッパ全域で熱心な読者を見いだした。ジョン・フローリアが一六〇三年に英語版を出版したが、フランシス・ベーコンの『随筆集』はそれなしには構想されなかったであろう。デカルト、パスカル、そして一七世紀の重要な思想家たちは、たとえ科学革命の影響を受けて非常に異なった世界観に到達したにせよ、みな、モンテーニュがかれら思想家たちにたいして掲げた問いから出発した。ヨーロッパのつぎの偉大な自伝的エセーであるジャン・ジャック・ルソーの『告白』は、あきらかにモンテーニュの子孫であるが、近代における自己にたいする関心の集中と、そしてこれまでに書かれたすべてのエセーについて、同じことが言える。（モンテーニュは実際、自然環境について考えたが、環境思想家であるということを彼は認めなかったであろうけれども）、環境思想家としてのモンテーニュは、つぎの三つの項目のもとで考えることにより、最もよくわかるかもしれない。すなわち、彼の属する社会階級に特徴的な態度にたいする彼の反応と、「野生のもの」にたいする彼の省察と、そして、自然の秩序において人間が優越した地位にあるという主張にたいする、彼の懐疑的な説明における動物の地位、である。

当時の既存の言語のなかには、自分自身の心のなかの事柄に関して、モンテーニュが新規にはじめた探究にとって適切なものは存在せず、モンテーニュは比喩によって適切な言語〔伝達方法〕を発明しなければならなかった。彼が好んだ比喩のひとつは狩りのそれで、狩りは小貴族という彼の社会的な地位と密接に結びついた娯楽であった。彼の「残酷さ」に関するエセー（第二巻、一一節）が、何が残酷であるのかという彼自身の考えにおよんだとき、彼はわれわれ読者にたいして、「私の猟犬の歯が食い込んだときに、悲鳴をあげるウサギ」の現実をストレートに突きつける。つねにそうだが、モンテーニュは自分の行動の単純な分析では不十分だと考えている。それはたんなる神経質・潔癖な態度というだけかもしれず、道徳的立場を支えるには弱すぎる。狩りたてられ、追いつめられた獣たちを見るのを嫌うことは、たぶん、彼の同僚たちの嘲りの的になるということを彼は十分に意識している。しかし、彼の自己意識は、彼の属する社会集団に加わらないように彼を強制し、さらにつぎのようなことについて、より一般的な考察をはじめるようにうながす。すなわち、残酷さを好む人間の自然的傾向について、われわれの宗教と人間性それ自体が、われわれの仲間である生き物、動物や植物にたいして敬意と愛情をもつよう命じていることについて、そしてわれわれの僭越さに関して動物たちから得られる「これまでわれわれ人間に指定されていると想像されてきた、他の被造物にたいする支配者としての地位を私は喜んで放棄しよう」という教訓について。

他者の立場を想像することのできるモンテーニュの能力は、食人種に関するエセー〔第一巻、三一節〕のなかで最も驚くべき表現を見いだしている。そのエセーも残酷さと僭越さの問題に向かっている。これは新世界に関する二つのエセーのなかのひとつであり、そこでモンテーニュは、彼以前にはほとんど誰も表明したことのない手厳しさで、ヨーロッパの征服者たちが行なった略奪を非難している。彼が取り上げているのは南米の住民〔つまり人間〕であり、自然環境ではない。だが、彼の、野生のものと飼い馴らされたもの、自然的なものと人為的なものの基本的な区別は、〔人間と自然環境の〕両者を含意している。モンテーニュにとっては、ブラジルの食人種の「野蛮さ」は汚染されていない自然の活動力や徳に似ている。自然を人為的策略によって腐敗・堕落させたのは、ヨーロッパ文化である。したがって、宗教の名のもとにヨーロッパ人が、植民地の被支配者にまた自分たち自身に加えている洗練された残虐行為は、われわれが食人種たちに帰している「野蛮さ」よりもはるかに野蛮である。絶対的な観点からは食人行為を厳しく咎めつつも、モンテーニュは、その食人の慣習を、自然の資源を耕作したり改変したりせずに利用しつつ、環境と調和して生きている非常に単純な「自然的」社会についての、探検家たちの説明にもとづく記述の文脈のなかに組みこんでいる。ブラジル人たちは、かれらの環境が惜しみなく与えてくれるものを越えてはなにも求めない。だからかれらは、征服だとか、私有財産だとか、交換だとか、あるいは社会的対立だとかについての観念をまったくもたない。かれらの食人習慣は、一夫多妻制と同様、名誉を求める競争に由来する。モンテーニュは、彼自身の文化にとっては強い反発をまねくこれら二つの習慣に焦点を合わせ、それは自然と異質なものではないこと、それらは異なった環境においては理解しうるものであり、異なった社会構造のなかでは意味をもつものであるということを論証する。他者の立場を想像することのできる彼の能力はまた、自分たちが道徳的、文化的に優越していると考える、ヨーロッパ人の僭越さを批判する道具でもある。「ブラジルの部族たちのどこにも野蛮さや未開さは存在しない。ただし、誰もが、自分たちが習慣としていないことをすべて「野蛮」と呼ぶならば、話は別であるが」。さらに、この〔ヨーロッパとは〕別の側からの見解は、きわめて人を狼狽させるものでもありうる。この「野蛮人」がフランスを訪れたとき、彼らは、金持ちと貧乏人とのあいだの大きな隔たりを見て「素朴に」驚き、どうして困窮している者が「金持ちの喉に摑みかかったり、金持ちの家に放火したりし」ないのか不思議がった。

人間とその環境に生息する他の生物との一般的な関係のあり方に関する、最も強い支持を受けたモンテーニュの議論は、非常に長文の「レイモン・スボンの弁明〔ないし弁護〕」（第二巻、一二節）に見ることができる。それは、モンテーニュが求められた、一五世紀の初めに書かれたスボンの『自然神学』の翻訳への紹介として書かれた。スボンは、真理は自然という大きな本のなかで読むことができるが、それは自然を観察し、解釈する人が、キリスト教の啓示の光の下でそうするときだけである、と論じていた。スボンがテーマとした事柄が、ここでモンテーニュに、自然界にたいする伝統的な神学の態度を調べ、そして当時の宇宙と人間の心と生物に関する学問を研究するよう強制する。彼のエセーの戦略は彼に懐疑的な態度をとることを要求する。なぜなら、スボンの議論は弱いという異議を唱える人びとがいたが、いかに人間の推論は誤りやすいかを証明することによって、彼はこの人びとの基礎を掘りくずすことを選んだからである。モンテーニュは二つの点で証拠を集めている。第一に、自然の働きについて抱かれている意見は不整合で、自己矛盾していることを示す。第二に、おおいに褒めちぎられており、他の被造物を支配すべきだという僭越な主張の根拠でもある理性の働きにもかかわらず、人間は弱い生き物であるということを示す。彼はきわめて豊富な実例の在庫をもってこの第二のテーマを追求する。そこでは、動物は、コミュニケーション能力、新たに物を作りだす技能、工夫の才、推論の力、記憶力、忠実さと勇気の道徳的な卓越性、その他もっと多くの点において、人間の顔色をなからしめるのである。彼によって事実と寓話がたくみに利用されている。モンテーニュは実例を集めてくるための文献に夢中になっているが、それは彼がこの時代の人であることを示している。一六世紀の中頃には、動物について知られていたすべてのことを、細密で、写実的な挿絵で再現した贅沢な本が印刷されていた。それらは種の基本的なグループ分けを守っているが、これらの著作を拾い読みする読者を喜ばせたのは、その学問的分類法というよりはむしろ、旧世界のよく知られた生物や、新世界の珍しい獣に交じって、伝説上の生き物がさし挾まれている、ふんだんな動物生活の紹介であった。それらの原文は、動物の身体の構造、生息地、食性、繁殖、等々について徹底的に詳しくふれていたが、それと同様に、歴史上のテキスト、詩、寓話、ことわざ、名言、それに寓意画などに登場する動物についてもそれと同じくらい詳しく論及していた。動物は科学的な観察の対象であると同程度に文学的、文化的な対象である。書物の外部の自然環境の研究についても同じことが言えるであろう。一六世紀は、科学的な探究をはじめるためというよりは、可能なありとあらゆるかたちをとることができる自然の形態の多様性にたいする驚きを刺激するために工夫された、雑多な動物や鉱物の対象のコレクションでいっぱいの、珍しいものを展示する陳列棚とも言うべき、大いなる時代であった。

モンテーニュのこの本においては、動物たちの多くの驚くべき行動が、ときどき私的な観察も交えて列挙され、無秩序に見えるやり方でかき集められているのだが、それは彼の同時代の百科全書的知識やマニアのコレクションと同じ種類のものである（そしてテレビの珍しい野生生物のシリーズとまったく同じ魅力を与えるものである）。しかしながら、それらとは少し異なる関心のありかを示すモンテーニュの議論の特徴が存在する。百科全書やコレクションは、人間文化における動物たちの役割を強調し、動物の遺骨や化石を、その陳列ケース〔＝百科全書やコレクション〕の所有者の驚異のまなざしの支配下に置く。その点でそれらは、中世の先輩たちが、キリスト論的道徳のレンズをとおして自然という大文字の本を読んだのと同じくらい効果的に、動物界にたいする擬人論的な見方を促進するのに貢献した。モンテーニュの意図は、人間がどのようにしたら自然を知ることができ、そして自然にたいして安心することができるかを示すことではなく、人間を不安にすることと、動物に優越しているという人間の主張は、いたるところで掘りくずされているということを、反例によって示すことにある。彼は「残酷さ」に関するエセーのなかで、人間以外の被造物にたいする敬意と謙遜は、人間として適切な態度であると同時に、クリスチャンとしても適切であると主張している。だが、この主張は、人間とその不死の魂を他のすべての生き物よりも上のレベルに置き、そしてまた「動物的」という語を、質の劣化、道徳的な堕落と同一視する、神学的な態度の本質的特徴とは、あきらかに背反している。さらに、モンテーニュが示した動物のふるまいのリストには、遠い国の食人種にたいする人類学的な理解の模索を可能にしたのと同様の、他者にたいする感覚が支配している。彼は不思議だと思う状態にとどまることなく、想像力を駆使して、ひとつの別な世界を考察する。そこでは、他の形態の言語が使われており、他の徳が大切にされている。そしてその世界では、動物たちは、どうして人間が奇妙な行動をするのかについて不完全に、だが、われわれ人間が彼らの行動を洞察するのと同じくらい十分完全に、理解している。その世界では、猫は人間を相手に楽しく暇つぶしをしている。それは人間が猫を相手に楽しく暇つぶしをしているのと同じである。

モンテーニュの、人間以外の生物にたいする優しく心の広い態度は、前科学的なものの見方の所産であった。彼にとっては、自然環境はモビール細工の陳列、彼の機敏な精神の遊び場であった。デカルトが一六三七年の『方法序説』のなかで、自然界を人間理性の科学的探究の対象と定義したときに、彼は自然界をひとつの機械として構成したのである。デカルトにとって動物は、思考も言語も感覚ももたない、機能を果たす機械装置であった。モンテーニュの動物にたいする敬意は、ラ・フォンテーヌの『寓話』(一六六八-九四)のなかで、科学革命を生きのびた。ラ・フォンテーヌにおいても、動物たちは、自分たちのコミュニケーションの様式をもち、そして人類に教訓を与える存在なのである。

注

（1） Book II, Essay 12 of *The Complete Essays*, trans. M. A. Screech, London: Allen Lane, Penguin Press, 1991. 文中のモンテーニュに関するすべての参照数字はこの著作の巻およびエッセーの番号である。

↓ベーコン、ルソーも見よ。

■モンテーニュの主要著作

荒木昭太郎訳『エセー』〈中公クラシックス1～3〉、中央公論新社、二〇〇三年。

宮下志朗編訳『モンテーニュ　エセー抄』〈大人の本棚〉、みすず書房、二〇〇三年。

関根秀雄訳『新選モンテーニュ随想録』白水社、一九九八年。

原二郎訳『モンテーニュ　エセー』筑摩書房、一九八五年。

荒木昭太郎『モンテーニュ』〈人類の知的遺産29〉、講談社、一九八五年。

原二郎訳『エセー　1～6』〈岩波文庫〉、岩波書店、一九八四年。

荒木昭太郎責任編集『モンテーニュ』〈世界の名著19〉、中央公論社、一九六七年。

松浪信三郎訳『モンテーニュ随想録（エセー）上・下』〈世界の大思想　第一期4・5〉、河出書房、一九六七年。

フランシス・ベーコン
Francis Bacon　1561－1626

人間の知識と人間の力は一致する。というのは、原因が知られていない場合には、結果は生みだされえないからである。自然に命令しようとするならば、人間は服従しなければならない。そして、思考のなかで原因であるところのものは、操作においては規則である。(1)*

ベーコンは政治家、裁判官、国王の顧問官、自然科学者、そしてエッセー作家であり、全生涯をエリザベス女王と国王ジェームズ一世の周囲の、最も高位の政治家や宮廷人や知識人のサークルのなかで過ごした。母方の叔父バーレー卿〔ウィリアム・セシル〕は、その時代の最も有力な政治家であった。ケンブリッジ大学〔一五七三～七五年〕とフランスにいた時期〔一五七六～七九年〕のあと、彼は法律家になり〔八二年〕、国会（下院）議員になった〔八四年〕。非凡な能力の持ち主で大衆を引きつけたエセックス伯と若いころに親交があったにもかかわらず、彼は反逆罪でエセックスを訴追することに積極的に加担した。――この行為は、何人かの人が、たぶん不公平に、ベーコンを最悪の種類の裏切り者として非難する動機を与えてきた。ベーコンは、一時期エセックスの盟友であったウォルター・ローリー卿が訴追されたときにも、かかわりをもった。

ベーコンの『評論と助言』〔一五九一〕の最初の版は、彼の初期の活動について書かれたものであるが、最終的には膨らんで一六二五年に出た第三版では五八のエッセーを含んでいた。一六〇三年にジェームズ一世が国王に就くと、ベーコンは以前よりもずっと早い速度で宮廷の位階を昇進し、最終的には、一六一八年に、大法官〔国会議長、国璽尚書、最高裁判所長官を兼ねた職〕にしてベルラムの男爵となった。活発な政治的活動を行なったこの時期のベーコンの著作は、英国法、英国教会、そして、『学問の進歩』に関する、彼の多くの興味を反映している。彼の著書『学問の進歩』はすべての分野の最新の知識状態を網羅した概説を提供している。一六二一年には、ベーコンはセント・オルバンズ子爵の称号を授与され、また、〔長年、推敲を重ねてきたが〕最終的に、彼の自然哲学の広大な体系の第一部『ノヴム・オルガヌム』を公刊した。しかし彼は何人かの重大な敵ももっていた。かれらは、ベーコンを公職から追放し、収賄の疑いで彼を有罪にした。国王ジェームズによって牢獄から解放されたベーコンは彼の田舎の家に引退し、そこで、注意を集中して、重要な多くの仕事に打ちこむことができた。彼は一六二六年の四月に、ニワトリの体に詰めた雪の保存効果を調べているときにかかった肺炎で死んだ。

近代思想の歴史において他のいかなる人物も、人びとがほとんどセクト的な熱心さをもって主張するような、相互に対立する一方的な評価を呼びおこしたことはなかったであろう。ひとつの理由は、彼が本当にめざしたものが何であったのか、また彼の業績は科学的にみてどのような重要性をもっていたのかに関して、意見がほとんど一致しないということである。一七世紀は彼を褒めたたえ、模倣し、一八世紀は彼を啓蒙主義の先駆者に祭りあげ美化した。他方、一九世紀は彼の誤りを暴きたてることに努力をそそぎ、ジェームズ一世時代の悪人に仕立てた。「自然と全学問の長官」は大法螺吹き、本当の科学の敵と軽蔑されるにいたり、ごく最近では悪魔崇拝者とまで書かれた。マシューズが要約した二〇世紀の評価においては、〔一方で〕ベーコンは無神論者と呼ばれ、そして〔他方で〕宗教的な思想家と讃えられている。自然誌〔博物学〕における予言者的な洞察、彼の論理学の理解、彼の形相の理論、そして彼の力強い想像力のゆえに喝采されている。他方では同時に、自然誌と論理学にたいする無知、彼の形相についての不合理な観念、そうして想像力のまったくの欠如のゆえに貶《けな》されている(2)。

彼の環境問題にたいする態度に関しては言うまでもないことだが、彼の生涯と著作を、風刺マンガのように単純化し、誇張して描くことへの誘惑に人は抵抗しなければならない。人間の自然支配と搾取・開発のメリットについて彼が述べていることのゆえに、彼を非難することはきわめて容易である。ベーコンは自分を蜜蜂に喩えた。哲学の正しいやりかたは、集積された素材のなかで一緒に仕事をし、ついで、その素材を甘くて栄養に富んだものに作り変えることである。伝統的な思想家、とくに中世のスコラ学者は、クモのように、複雑な巣を完全に内部から紡ぎだし、ついでその構造を世界に押しつける。経験家、とくに錬金術師、占星術師、そしてその他の疑似科学の素人研究者はアリと似ており、珍しいものや秘密の民間伝承の知識をただ集めてくるだけで、それらを整合的な知的構造物へと統合することができない。ベーコンは知識探究における、欠陥のある方法を三つ記述した。スコラ学者たちの「議論による」博学、尊敬された権威の誤りをもちつづけている「精巧な」学問、孤立した不思議な出来事の怪しげな事例を集めるオカルティストやヘルメス主義者の「驚異的」学問。

ベーコンはこれらすべての論点とさらにそれ以上のことをInstauratio Magna〔『大革新』〕、つまり「偉大な出発」のさまざまな部分で論じようとした。第一部は『学問の進歩』の修正と拡張として現れたのにたいして、第二部、『新しいオルガノン』はアリストテレスの「オルガノン」(論理学の諸著作)を新しい観点で書きなおしたもので、自然哲学の誤った道にたいする、ベーコンの最も詳細な、だが不完全な解説を含むとともに、さまざまな自然科学における共同研究のプログラムの概略を含んでいた。

ベーコンの科学的知識についての思想の中心部には、帰納、隠れた形相、制作者の知識に関する理論がある。隠れた形相に関する理論において、ベーコンは、事物に真の本性を付与するのは形相であるという古い考え方を救出した。ベーコンのいう形相は物質の単純な構成要素のことであり、要素の数は少数であるが、それらは、アルファベットの文字を結合することにより、無数に多くの語を生みだすことができるのと同様に、無数の配列の仕方で結合することができる。彼の全体計画がめざしているのは、彼の言葉によれば、正しい実験的手続きから生じる果実、つまり成果をもたらす「形相の探究/尋問 inquisition」である。彼は自然哲学を「原因の探究 inquiry と結果の産出」

と定義している。基本的な自然学が有する特性の一般基準は、「すべての単純な性質を支配し、それを構成しているところの、絶対的な現実性をもつ法則と規定にほかならぬ」真の形相を発見するということである。ペレス－ラモスのたくみな表現においては、知識を有する人間としての科学者は、まずなによりも、制作者あるいは行為者であり、そして彼の、知識を有するという主張の保証は制作者としての信任状に依存している。「ベーコンの科学の観念は……何か（自然現象）を知るということは、まさにその同じ現象を、その現れを受け入れるなんらかの物質的基体において、（ふたたび）産出することができることと同じである、という考えを打ち立てている[3]」。

堂々として雄大な（あるいは気どっていて仰々しい）ベーコンの計画の全体を十分に理解するためには、人は、隠れた形相と制作者の知識についての理論は「事物と人間を動かし、説得することについてのアイデアの進歩」に関する計画の一部であるということを理解しなければならない。計画全体は、心理的、経済的、物質的な力学の組み合わせである説得術 rhetric というベーコンの観念のもとに包摂されている。人が事物を説得できるという考え方自体は、現代の読者にとって、もしベーコンが、人間を含めたすべての事物の本性を作りあげる隠れた精神的な形相が存在すると考えている、ということを心に留めておかなければ、まったく奇妙に思われるであろう。「新しい学問においては、実験は発見の方法以上のものである。それは試金石 ordeal〔神明裁判でもちいられた試罪法〕であり、その対象の真の本性をテストすることである。究極的には、すべての実験は人間の知性や情熱を含めて被造物世界の物質と精神に働きかける[4]」。

ベーコンの一神論的世界像のなかでは、創造主は世界を暗号をもちいて動かす。動物や植物や鉱物などが示す感覚しうる性質についての表面的な言語は、秘密のコードを覆い隠すので、科学者がこのコードを解読し、潜在的なあるいはより深層の言語を解釈しなければならない。こうした考え方が、ベーコンが暗号とコード、暗号化とその解読にくり返し言及することの説明に役立つ。「新しい学問」は、秘密、つまり錬金術の達人だけがもつような特別の知識があることを認め、そして、この知識は箴言や謎によって最も適切に表現される。「神が世界を暗号化によって示したものが、謎の言葉 enigma であり、その制作者〔神〕を知るのは、ソロモンの裁きのようなたくみな試問 ordeal を受けることによって吟味され、かれらの知識の虚しさを知って神の智慧の徴《しるし》を発見することができる者だけである」(5)。この箴言と謎のかたちは『随筆集』において最も顕著に表れている。だが人がベーコンの説得術の二重の力を把握すれば、たとえば、人類の利益になる自然力の支配と成果の産出に関して、官吏や政治家にあてた彼の勧告は、彼ら自身の利益にかなうというかたちで彼らを説得することと、(より密かに) 最も深いレベルに隠されている自然の命令にしたがうことを、ともに意図したものであることがわかる。「各エッセーは、その訴えに特別に敏感な人びとを動かすのに適した、それぞれ別々の勧告として独立している。……集まった全体として、それは模範的な啓蒙書なのである。エッセー集はたぶん、「気づかれないくらい少しずつ世界を明るくしていく」光の後ろに隠れている技巧の典型的な例なのである」(6)。

この巧妙な光は「自然に命令しようとするならば、人間は服従しなければならない。そして思考のなかで原因であるところのものは、操作においては規則である」という宣言の背後に隠れている哲学的な力である。人が自然の物質と諸力に命令し、それらに形を与え、成果を生みだすことができるのは、人がすでに隠れた形相の、より深い不変な構造を理解しているかぎりにおいてである。またさらに、理論的な洞察の対象は、人が自分の意図のためにその対象を作（り変え）る実践的な関係において厳密にしたがわねばならない、それ自身の因果的な動的構造を有している、ということを理解しているかぎりにおいてである。この根本的な原理を侵犯し、自然の隠れた法則を変え、生成変化の固有の型に逆らって働きかけようと試みるのは、危険な企てである。『古人の知恵』のなかで、ベーコンはダイダロスの寓話**を考察し、機械的技術を不注意にもてあそぶことは、有害でときにはきわめて破壊的な結果さえもたらすことがありうるという教訓を引き出している。だが人は、科学の進歩にたいするベーコンの態度を過度に楽観的に再解釈することには慎重であるべきだ。なぜなら、「ベーコンの諸著作は、相互に違った仕方で他を映す鏡で、ある鏡は他の鏡より暗くしか映さない(7)」のであり、その暗さはしばしば人類愛の実践の唱導の名のもとに隠されてしまっているのである。

　ベーコンは注意深くコントロールされた実験であっても危険な場合があるということを知っていた。だが、それにもかかわらず、彼は人間の生活の物質的な改善のために、この危険を冒すことを厭わない。これらの論点に関する彼の言明のいくつかはあいまいで多義的であるとするならば、『ニュー・アトランティス』における科学的ユートピアに関する彼のヴィジョンは明確であるとともに、恐怖を与える。ヨーロッパの旅行者が南大西洋で風のためにコースをはずれてしまい、ベンサレムという島に到着する。彼らはこの奇妙な福祉国家で恩恵——食べ物、宿泊施設、そして医療の援助——を与えられ、島の固有の慣習や儀式を見せてもらい、そしてベーコンの科学研究所の構想を具体的に示す「ソロモンの館」のなかを案内してもらう。ガイドが案内した多数の部屋では、さまざまな鳥、獣、植物を、不妊化したりあるいは非常に多産な新種に作りかえること、より破壊力の大きい武器や弾薬の製造、「感覚を欺く館」などの「研究と設計」プログラムが遂行されている。科学知識における二十四の「改善」の一覧表は、人間理性が夢見る最も恐ろしい悪夢のいくつか——生物の遺伝子の組み換え、動物をもちいた薬品試験、核兵器、贅沢と怠惰を追求するための強力な機械装置、人間の行動をコントロールするためのイデオロギー装置、などなどを予言している。つまらないものと深遠なもの、利益をもたらすものと害をもたらすものの両方に等しいウェイトが置かれているが、これは「拘束され、追及された自然、すなわち策略によって、そして人間／男の手によって、彼女自身の自然な状態から無理やり引きずり出され、締めつけられ、型にはめ込まれた自然」に的を絞る、ベーコンが理想と考える実験的探究を反映している。このユートピア観は、強力な自然の運動 motion をとり扱うことのできる物理科学と、人間の感情 emotion をとり扱うことのできる説得の「科学」というベーコンの二重の戦略が最終的に到達した地点である。

ベーコンの自然科学と政治にたいする影響は非常に大きく、かつ矛盾する要素がある。トーマス・スプラットの『王立協会の歴史』（一六六三）のはじめの箇所に置かれた叙事詩は、ベーコンをそのヴィジョンの広さのゆえにほとんど神のように扱い、そのヴィジョンの説くところがあたかも神の命令のかわりになるかのように扱っている。フランスの啓蒙運動が頂点に達したとき、ダランベールは、ベーコンの壮大な計画は暗闇のあとに訪れた光のようであり、ベーコンは「最も偉大な、最も普遍的な、最も雄弁な哲学者である」と考えた。また、ベーコンの『大革新』は『百科全書、あるいは理論的に基礎づけられた〔諸々の学問・芸術・工芸の〕辞典』〔ディドロとダランベールが一七五一～七二年に編集、刊行した〕のモデルであった。しかし同じ時期の英国においては、ベーコンの大計画は、ジョナサン・スウィフトの『ガリバー旅行記』において辛らつな皮肉とあざけりの対象になっていた。そこではソロモンの館は狂気の発明家の収容所に変わっていた。一九世紀初期の科学思想史による再評価の影響力のもとで、ベーコンは、物理法則を把握する場合の数学の重要性を理解することに失敗したという、もっと怪しげな名誉を与えられた。マコーレー卿は、かつて有名になったベーコン哲学にたいする賛辞のなかで、この奇特な、人類の進歩の推進者を褒めたたえたが、自分の親友たちを裏切り、地位の高い人びとや金持ちにおもねる道徳的卑劣漢だと断罪した。二〇世紀には、フランクフルト学派の理論家ホルクハイマーとアドルノが、資本主義国家に奉仕する道具的理性の指揮下で、人間の支配と抑圧の最悪の形態を最初に提案した人物だとしてベーコンを非難した。たぶん人は、著名な生物学者ローレン・イーズリーの議論を考慮することにより、こうした二つの極端のあいだで、正しく釣り合いのとれた地点に立つことができるだろう。彼はベーコンについて、人類の幸福をたくさん約束したが、同時に、この目的を達成するために、少なくとも同じくらい多くのことを破壊し、あるいは歪めることを厭わなかった、エリザベス朝の科学者 - 魔術者であるという、アンビヴァレントな評価に達している。

注

（1） *The New Organon*, Bk. I, Indianapolis, IN : Bobbs-Merrill, p. 1, 1960.

（2） N. Mathews, *Francis Bacon: A History of a Character Assassination*, New Haven, CT: Yale University Press, chap. 1, 1996.

（3） Perez-Ramos, in M. Peltonen (ed.), *Cambridge Companion to Bacon*, Cambridge : Cambridge University Press, p. 115, 1996.

（4） J.C. Briggs, *Francis Bacon and the Rhetoric of Nature*, Cambridge, MA : Harvard University Press, p. 3, 1989.

（5） Ibid., p. 9.

（6） R.K. Faulkner, *Francis Bacon and the Project of Progress*, New York and London : Rowman & Littlefield, p. 29, 1993.

（7） Briggs, op. cit., p. 12.

＊ 服部英次郎訳「ノヴム・オルガヌム」、『ベーコン』〈世界の大思想6〉、河出書房、一九六六年、一三一頁。

＊＊ 名工ダイダロスは自分の作ったクレタ島の迷宮ラビリンスに閉じこめられ、ロウ付けの翼で息子のイカロスとともに脱出をはかるが、太陽に近づきすぎてロウが溶けて墜落する。

→**アリストテレスも見よ。**

■ベーコンの主要著作

川西進訳『ニュー・アトランティス』〈岩波文庫〉、岩波書店、二〇〇三年。

桂寿一訳『ノヴム・オルガヌム（新機関）』〈岩波文庫〉、岩波書店、一九九五年。

成田成寿訳『ベーコン論文集』〈研究社小英文叢書〉、研究社、一九九〇年。

服部英次郎訳『学問の進歩』〈岩波文庫〉、岩波書店、一九八三年。

渡辺義雄訳『ベーコン随想集』〈岩波文庫〉、岩波書店、一九八三年。

坂本賢三『ベーコン』〈人類の知的遺産30〉、講談社、一九八一年。

成田成寿訳「随筆集」、「学問の発達」、「ニュー・アトランティス」、福原麟太郎責任編集『ベーコン』〈世界の名著20〉、中央公論社、一九八〇年。

ベネディクト・スピノザ

Benedict Spinoza

1632－77

最高善は……心が自然全体とのあいだに有している結びつきについての知識である。(1)

スピノザは一六三二年、ポルトガルから移民したユダヤ人の息子として生まれた。彼の父は商人で、ユダヤ人社会の長老者会議のメンバーとして重んじられていた。スピノザは正統派の慣習にしたがって育てられ、ヘブライ語と聖書、そしてタルムード〔ユダヤ人の生活・宗教・道徳に関する律法の集大成〕を学んだ。彼の名前（ファースト・ネーム）は、同じく「恵みを受けた者」を意味する、ベントー（ポルトガル語）からバルフ（ヘブライ語）へ、さらにベネディクトゥス（ラテン語）へと変えられたが、この名前の選択をつうじて、彼の一生のあいだにおけるさまざまな文化的な影響を辿ることが可能である。スピノザは一六五六年ごろに、異端信仰を理由に、数回、ユダヤ教会から破門された。書籍商で自由思想家のフランツ・ファン・デン・エンデンがスピノザの人生と思想を転換させる重要な役割を果たした。彼はデカルトの著作にスピノザの注意を向けさせ、ギリシャ語とラテン語をスピノザに教えた。無限な実体としての神である自然というエンデンの神秘主義的見解はたぶん、『知性改善論』を書いた時期にすでに見られる、若い哲学者の実体一元論という尋常ならざるものの見方に決定的な影響を与えた。スピノザは一六六〇年にライデンの近くのラインスブルフに移ったが、その地の親しい友人たちの説得で、デカルトの形而上学の未完成ではあるが注意深い評釈である『デカルトの哲学原理』を書き、これは一六六三年に公刊された。スピノザは孤独な、隠遁同様の生活を送った。〔光学研究のために〕レンズを磨き、『神学‐政治論』をゆっくりと書き、匿名で一六七〇年に公刊した。オランダ改革派〔カルヴァン派〕教会の会議はこの書を偶像崇拝と迷信の論説だと非難し、ユトレヒトのある大学教授は「有害で最も危険な書物」だと書いた。(2) 一六七二年、フランスとドイツの軍隊の侵攻によって、輝かしいオランダ共和国に悲惨な終結が訪れた。共和国の指導者であるヨーハン・デ・ヴィットは怒った群衆によって虐殺され、オランダ〔五州の〕州総督に若い王子、ウィリアム三世がふたたび就いた。スピノザはデ・ヴィットの死をひどく悲しみ苦悩した。そして、未完の「政治論集」は、正統な国家は理性的な基礎づけをもつべきだという、断固とした彼の主張を論証している。この「政治論集」は今日の読者にたいして、重要な社会的政治的な問題の論議に、哲学者がその時点で直接的な仕方でかかわることができるということを示している。だが、これまでの近代哲学の歴史において、最も決定的な影響をおよぼしてきたのは、一六七七年、彼の若すぎる死にさいして未完成で残された、彼の最後の著作である『倫理学』〔『エチカ』〕である。

多くの観点から、エチカにおけるスピノザの体系的な哲学は、宇宙とそのなかにおける人間の位置についての最も見事な、完璧に秩序だった描写である。人間の経験のすべての次元のすべての様相が、より大きな全体との関係において首尾一貫した仕方で説明されいる。スピノザにとって何かを説明するということは、それの原因、すなわち、その存在を実存にもたらすものだけでなく、同時に、その存在をそれがそうであって他の何かではないようにしているもの〔本質〕を知るということである。また、原因はそれが生みだす結果を、必然的に生みだす。そして、実体がいっさいの事物の原因であるとともにそれ自身の原因でもある。それゆえ、宇宙のなんらかの特徴を理解するということは、その特徴が有する役割は実体のある種の本質的な性質である、ということを示すことにある。デカルトの二元論とは対照的に、スピノザは実体一元論を提出する。唯一の実体が存在し、二つの主要な属性、思考と延長をもつ。このようにして彼は神と創造された世界の、そして精神／心 mind と身体の二元論を拒否する。世界には無限に多くの特殊〔特定の事物〕が存在し、その各々はあの唯一の実体の依存的部分と考えることができる。二つの無限な属性〔思考と延長〕をもったひとつの実体、神である自然が存在する。

　これら〔二つ〕の属性は、同一の実在を「見る」異なった仕方と考えるべきである。われわれは延長実体を、時空のなかで限られた領域を占める、ばらばらに離れた諸物体へと分割されたものとして考える。しかし、延長それじたいは、時空において無限としか考えることはできない。われわれが思考について考える仕方は、われわれの特殊で有限な精神／心がおよぶ知識のレベルに依存するだろう。延長の無限で永遠の様態は運動と静止である。個々の物体／身体や、われわれの環境内の中位のスケールの事物を成り立たせている有限な様態は、最も単純な粒子の一定の配置／位置関係 configuration である。個々の物理的対象を成り立たせている特定の配置／位置関係は、単純な粒子から世界全体へと上昇するように組織化された体系の位階秩序のなかの諸要素である。ひとつの完全な宇宙的な実体があり、すべての他の存在はその構成要素なのである。さらに、すべての個別的事物は、自分自身を存在において維持しようとする駆動力（コナトゥス）をもった、エネルギーを負荷された状態にある粒子の配置／位置関係である。したがって、存在の位階秩序は力の完全な秩序である。つまり、個々の事物が上のレベルにあればあるほど、それが外力によって働きかけられることはより少なく、その変化はより多くそれ自身の内部から起こるのである。さらに、他の存在に因果的に働きかけるものとして、ある存在がより多く活動的であるかより少なく活動的であるかということと、その存在がより多く実在的であるかより少なく実在的であるかということは等しい。力の秩序の上昇する順に、これら個別的存在——無機物、有機物、動物、そして人間が存在する。人間の身体はたんなる動物の身体よりもいっそう実在的である。なぜなら、人間の身体は、他の動物にくらべてより有効な仕方で、つまり、自分でコントロールしつつ、自己自身の存在を維持しており、またより大きな洞察力をもって環境との相互作用を行なうからである。

存在の秩序づけられた配列は知識のレベルの位階秩序に対応する。最も高いレベルは直観的知識であり、「神の無限の観念」に向かっていく。「われわれのうちの誰であれ、この種の知識を達成する度合いが大きいほど、その人は自分自身と神をそれだけ多く意識する。すなわち、その人はそれだけ完全であり幸福である」〔『エチカ』第五部定理31注解〕。神は全体としての自然と同じものであり、また自然は完全なものとして定義されるので、すべての存在は、自己自身の本質の完成ないし完全さに向かうように方向づけられている。こうして、喜びないし至福の経験を引きおこすものの源泉と結びつこうとする、個々の存在者の努力が生じる。「精神／心はいま到来する完成と同一のものを永遠の過去の時点から有していたのであり、その到来は永遠の原因としての神の観念にともなわれている。したがって、もし喜びが、より大きな完成に向かう道にあるとすれば、至福は、精神／心が完成そのものをすでに与えられているという事実のなかに、たしかにあるのでなければならない(3)」〔第五部定理33注解〕。ひとは、どうしてドイツロマン派の詩人ノヴァーリスが、のちにスピノザに言及するときに「神に酔える人」と言ったのか、あるいはゲーテがスピノザを「最もキリスト教的な人物」と呼んだのか、容易にわかるだろう。

スピノザの道徳理論と、また、それゆえ彼の環境に関する事柄への態度を理解する鍵は、彼の観念についての理論のなかに見いだすことができる。知識のレベルないし観念のクラスのそれぞれに対応して、その同じ観念によって考えられたものないし「対象」が存在する。〔観念の〕合理性の度合いと実在性の度合いは各段階で結びついていなければならない。こうして、われわれが最高レベルの合理的観念を考えるために、判断力を純化していくかぎり、われわれは神性の条件に近づいていく。このようにしてわれわれは自然のたんなる部分ではなくなるのである。延長の相のもとで「自然的な」存在としてのわれわれの地位は、われわれの精神／心を構成する観念のクラス〔混乱した、妥当な、あるいは直観的な）に全面的に依存しており、また逆のことが言える。スピノザは人間存在における精神／心と身体の結びつきについて、尋常でない、そして背理とも見える主張を行なっている。人間の身体がそれ自身について有する複雑な観念が、その身体の精神／心なのである。〔実体の属性として〕二つの相のもとにあるものがこのように〔個別的存在において〕結びついて一人の人間を成り立たせているということは、ひとつの一般的で一様な原理における、たんに特殊な一事例にすぎない。

こうして心身の因果関係についての彼の考え方にも、同じような新奇さが存在する。どちらか一方における変化が他方における変化を生みだしたり引きおこしたりするのではなく、むしろ、すべての身体の変化は〔そのまま〕心の変化なのであり、またその逆でもある。なぜなら、二つの異なる属性のもとに把握される、ただひとつの自然が存在するのだから。スピノザは、精神／心の変化と身体の変化を同一視することから帰結する背理を十分に知っていた。私の身体である延長の特定の有限な様態は、その身体自身の近傍の環境とエネルギー交換を行なう。そしてそうしたすべての「相互作用」は観念に反映される。[4] スピノザは道徳的次元を、〔宇宙・自然の〕諸部分としての事物の完全性と一体の事柄と考えるので、生きている存在のエネルギー状態を低下させるような、環境とのエネルギー交換は有害であり、かくして悪である。そしてそれらのエネルギー状態を増大させるような交換は健康的であり、かくして善である。

人間は自己の諸部分を恒常的に調節する働きを維持することによって、自己の同一性を保つ。この自己保持はその人のなんらかの決断の結果ではなく、自然的プロセスとして生起する。他の事物はより少しの変化しか受け入れることができない。なぜなら、それらの構造は複雑性がより少なく、人間よりも小さな「実在性」しかもっていないからである。それら事物は環境のより小さな領域にのみ対処でき、こうして事物の諸部分の結合は、よりせまい範囲の外的原因によっても崩壊させられやすい。人間存在は高度の複雑性を有しており、そのことが、思考という属性のもとで、人間は精神／心をもっており、また人間は自己意識的であると語ることによって、捉えられている。かくして人間の精神／心は、外的な原因が引きおこす結果が、人間の身体を成り立たせている運動と静止のバランスを変容させるかぎり、その結果を反映する観念からなる。そうした変化は他の事物と身体の相互作用から生じ、エネルギーつまり生命力における増加、もしくは減少であるだろう。こうして、その範囲内では、人間の結合された諸部分が結びついたままの状態を保ち、その個体的存在が破壊されないような、広い範囲の内部エネルギー状態が存在する。状態のこれらの変化は、身体の観点からは、有機体の生命力の増大もしくは減少として記述されるとともに、また、精神／心の観点からは、喜びや苦しみとして記述することができる。[5] こうして、生命力におけるすべての増大は喜びとして経験され、あらゆる減少は苦しみとして経験される。「喜び」によってスピノザが意味するのは「それによってより高い完成状態へと精神／心が移行するところの感情であり、苦しみによって意味するのは、それによって精神／心がより低い完成状態へと移行するところの感情である」[6]〔『エチカ』第三部定理11注解〕。人間の身体における力の増大あるいは完成度の増大は、心における力の増大あるいは完成度の増大でなければならず、またその逆でもなければならない。かくして、道徳の原理は、その人の完成に寄与するところのすべてのことは善であり、完成を損なうところのすべてのことは悪である、ということである。

有限な事物の場合にはすべて、その力あるいは完成の程度は、それが自己以外の事物との関係で因果的に能動的である程度に依存している。無限な力をもち完全な唯一の存在は、神である自然であり、これはあらゆる点で能動的であり、けっして受動的ではない。人間存在は、その精神／心をなすところの諸観念の継起が相互に原因と結果として結びついているかぎり、より大きな力と完成度を有する。人間はその精神／心における観念の継起が論理的なものであるかぎり、能動的である。人間存在は、その現在の観念がその精神／心のなかの以前の観念の論理的帰結として説明できないかぎり、思考する存在として、より小さな力ないしは完成度しかもたない。神においては、観念の無限の継起が存在するだろうが、それらひとつひとつの観念は、それに先だつ観念のなかに論理的に含まれているだろう。だが、人間の精神／心は、たいていの場合、原因が観念の継起に外的だという意味で、多少とも、観念のでたらめな継起から成り立っている。観念の継起が自己充足的でなく、したがって、完全に知性的ではありえない――つねに飛躍がある。個々人の精神／心の力と完成度は、観念の産出において、それがより少なく受動的で、より多く能動的になるのに比例して、増大する。この認識の能動性の増大に対応する個々人の身体の等価物は、有機体としての内的な安定性である。というのは、認識の能動性は、身体が、外的な原因が生みだす暴力的な攪乱を受けずに生活を送ることを可能にするからである。こうして、精神／心がその思考において、相対的に自由で能動的であるときに、身体はそれ自身の近傍の環境にたいして相対的に不変な状態にある。(7)

人間存在は動物とは違って、その実在的な「自然・本性」である自己の保持に向かう傾向性を、意識することができる。このコナトゥス、すなわち、自己を存在において保持しようとする駆動力／動機の、意識的な観念への反映が欲望と呼ばれる〔第三部定理9注解〕。スピノザは欲望を、その欲望が発生していることに気がついている意識と、その欲望がそれへと方向づけられている「対象」とを一緒にして、欲求と定義する。そうすると、快と苦は、欲望と嫌悪の働きの「対象」のなかに見いだされるものではないし、あるいはまた、なんらかのかたちの抽象的な推論によって見いだされることもできない。それらは、全体をなすその人の心理的身体的な状態の変化を表現する。それらは有機体の力、あるいは能動性の高まりと低下が精神／心に反映されたものである。どの特定の事物がある有機体の生命力を促進したり押さえつけたりするのかは、その個々の有機体のたえず変化している「自然・本性」に依拠している。コナトゥスが生命をもたない事物にどのようにして帰属するのかを理解することは難しいかもしれない──たとえば、どうして石が自己自身の存在を維持しようとする駆動力／動機をもつと言えるのか？　その問題は、常識的見解からすれば、われわれは石を個別的な事物すなわち実体と考えるということであるが──これはもちろん、スピノザからすれば、正しくない。一個の石、一本の植物、一匹の動物はいずれも、ひとつの事物たる神としての自然の、無限な属性の有限な変容としての一時的な配置／位置関係以上のものではない。

それらはすべて、全体を保持することに向けてともに働く宇宙の諸部分なのである。それゆえ、植物は土と水を消費し、動物は植物と動物を消費する、等々、こうすることによって、各々は、エネルギー交換をつうじてより大きな全体に参加し、そしてこの全体から、究極的には、すべての存在が自己の生命力を引きだすのである。この世界である全体という広大な概念は、ラブロックのガイア仮説以降の現代の読者にとっては、たぶん、比較的わかりやすいだろう。

　ノルウェーの環境哲学者、アルネ・ネスは、スピノザが、環境問題にたいする関心についてのインスピレーションの、最も重要な哲学的源泉だという考えを提出した。ネスはつぎのように主張する。エコロジストが考える自然は、機械論的な科学が考える受動的で、不活性で、価値中立的な自然ではなく、よりスピノザの自然に似たものである——つまり、すべてを包括し、創造的で、無限に多様な、そして広義の汎心論の意味で生きている。さらに、スピノザの道徳に関する反省は、「あらゆる種類の生存闘争に甘んじる非道徳的な態度と、浅薄な道徳主義的不寛容の態度とのあいだにバランスを打ち立てるために重要」である。将来の社会は二つの極端のあいだの「第三の道」を歩むことによって環境との平衡を達成するだろう。スピノザの世界像においては、すべてのものはすべての他のものと結びついている。ほんとうに因果的に不活性なものは存在せず、原因となることをつうじてそれが表現する本質を、まったくもたないようなものは存在しない。そして最後に、すべてのものはその特定の本質、つまり自然・本性を保存し発展させようと努力する。そしてすべてのものは神の完全さの一部であるがゆえに、この努力は環境を能動的積極的に形成することである。[8]「最高善は……精神／心が自然全体とのあいだに有する結びつきについての知識である」。

注

（1） *On the Emendation of the Intellect*, in *The Collected Works*, vol. I, ed. and trans. Edwin Curley, Princeton, NJ : Princeton University Press, p. 5, 1985.〔森啓訳「知性改善論」『スピノザ』〈世界の大思想9〉二七二頁〕

（2） Wim Klever, in D. Garrett(ed.), *The Cambridge Companion to Spinoza*, Cambride: Cambridge University Press, p. 40, 1996.

（3） *Ethics*, V P32, 33.

（4） Stuart Hampshire, *Spinoza*, Harmondsworth: Penguin Books, pp. 72-3, 1988.

（5） Ibid., pp. 98-9.

（6） *Ethics*, III P11Schol, in *The Ethics and Selected Letters*, ed. and trans. Samuel Shirley, Indianapolis, IN : Hackett, 1982.

（7） Hampshire, op. cit., p. 100.

（8） Arne Naess, *Freedom, Emotion and Self-Subsistence*, Oslo : Universitets Vorlaget, pp. 19-20, 1975.

↓ゲーテ、ラブロック、ネスも見よ。

■スピノザの主要著作

工藤喜作『スピノザ』〈人類の知的遺産35〉、講談社、一九七九年。

畠中尚志訳『国家論』〈岩波文庫〉、岩波書店、一九七六年。

畠中尚志訳『神学・政治論　上・下』〈岩波文庫〉、岩波書店、一九七三年。

畠中尚志訳『スピノザ往復書簡集』〈岩波文庫〉、岩波書店、一九七二年。

工藤喜作・斎藤博訳「エティカ」、下村寅太郎編『スピノザ・ライプニッツ』〈世界の名著25〉、中央公論社、一九六九年。

畠中尚志訳『知性改善論』〈岩波文庫〉、岩波書店、一九六八年。

高桑純夫訳「倫理学（エティカ）」、森啓訳「知性改善論」、井上庄七訳「政治論」、『スピノザ』〈世界の大思想9〉、河出書房、一九六六年。

芭蕉 1644–94
Bashō

世の人の
見付けぬ花や
軒の栗
(『奥の細道』より)

The chestnut by the eaves / In magnificent bloom
Passes unnoticed
By men of this world.(1)

日本の文学作品のなかで最も優れたもののひとつと多くの人が考える芭蕉の作品は、自然界にたいする中世日本文化の態度の重要な展開と要約であり、そこでは自然との強い一体感が目立っている。そしてこの自然との一体感はのちの禅仏教の芸術的表現のなかではもっと強められることになる。彼は日本で文人としておおいに尊敬されているが、その彼の権威は、とくに現代西洋の宗教界や芸術界の環境にたいする態度に与える彼の影響が増している状況にふさわしいものである。

芭蕉の初期の生活に関しては資料が不足している。のちに芭蕉を名乗ることになる松尾金作は、一六四四年に、当時日本の首都であった京都の南東部〔伊賀〕、上野藩の藩主に仕える武士の家に生まれたと信じられている。少年時代の彼は、この地域を支配する封建領主の長男である藤堂良忠の近習であった――身のまわりの世話をし、友達としての相手をする近習としての仕事がら、彼は支配階級の文学に触れることになった。二人の少年はともに詩にたいする興味をもち、友情が成長するのにつれて、彼らは、とくに俳句を作ることにおいて影響を与えあい、励ましあうことになった。中世の日本の比較的豊かな階級のあいだに古くから存在した文学的伝統があった。それが連句〔連歌〕、つまり、三十五、五十あるいは百行からなる、一連の詩をチーム〔連衆〕で作ることである。一五世紀の終わりまでに、〔連歌のうちの〕最初の節だけを俳句（はじめは発句）として作ることもまた流行しており、俳句の競技会は当世ふうの遊びの活動であった。芭蕉の手になる詩で記録されている最も早い時期のものは、一六六〇年代の初め、かれが良忠と一緒に過ごした時期のものである。

一六六六年、良忠は突然亡くなった。そして芭蕉の悲しみは、彼が領主の家に仕えることをやめさせ、そうすることで、武士の身分を捨てるようにうながした。それに続く放浪の時期に彼は京都で学んだと一般には信じられている。そして彼が詩を書きつづけ、独力で詩人としての名声を獲得したということは確実である。一六六七年から一六七一年のあいだに書かれた彼の詩は四つの詩集に収められた。そして一六七二年までに、彼は俳句の競技会の記録を『貝殻あわせゲーム』〔『貝おほい』〕と名づけて公刊した。それは芭蕉の、記録に残されている批評文の最初を印すものでもある。

一六七二年、二十八歳のとき、彼は京都を離れて江戸へ向かう旅に出た。彼は江戸で何人かの地方の詩人と一緒に連歌を作ることに加わった。そして一六七五年ころに、職業的な歌人〔俳諧師〕になったと思われる。というのは、彼の作品が当時の俳句集に、それ以前とくらべてはるかに頻繁に登場するからである。江戸の地元の人から、バナナの木がまわりに生えたあばら家または庵、つまり、芭蕉庵をプレゼントされた。ここから、彼の名前の芭蕉がとられたのである。しかしながら、彼は一か所にとどまる静かな生活に完全に満足することはできず、一六八四年に最初の重要な旅に出発した――彼はしばしば自分が家をもっていないと語った。そしてたしかにほとんど所有物はなかった。旅のあいだ、彼は連句と俳句を作りつづけ、最初の旅日記『風雨にさらされた骸骨の記録〔野ざらし紀行〕』を書いた。残りの人生のあいだ、彼はそのような旅を数回行ない、『鹿島神社への旅〔鹿島紀行〕』、『旅で擦り切れたかばん〔笈の小文〕』、そして『更級村への旅〔更級紀行〕』など、詩をともなった日記を書いた。一六八六年の二つの詩集、『カエル競争〔蛙合わせ〕』と『春の日』には彼の有名なカエルの俳句が収められている。この句は芭蕉の詩のスタイルの典型的な例としてしばしばもちいられる。

古池や
蛙飛び込む
水の音

The old pond
A frog jumps in ——
The sound of the water.(2)

『遠い北部への狭い道〔おくのほそ道〕』は、一六八九年に江戸を出発して北部と西部の地域と村々を訪ねた二年半の旅の報告である。これは芭蕉の最大の文学業績と見なされており、簡潔な、きびきびした散文と詩をスリルに満ちたやり方でひとつに結びつけたものである。彼はもうひとつ別の重要な紀行文、『嵯峨日記』を書いた。その後は、詩と、彼のスタイルで作詩をする若い人びとを励ますことに専念する――この最後の時期の詩集には『猿の外套〔猿蓑〕』と『炭の袋〔炭俵〕』がある。一六九四年に芭蕉は大阪への旅の途中で死んだ。およそ一〇〇〇の俳句が芭蕉によって書かれた。彼は俳句を、自然界を直接に経験することにおける純粋さと調和の感覚を表現する、芸術性の高い深みのある詩の形式として確立した。*

俳句の翻訳家であり歴史家である、R・H・ブリスはかつて「自然は日本の文学である」と述べたことがある。(3) これは誇張した表現であるが、こうした主張の精神を支持する多くの証拠がある。日本にははっきりと違った四季があり、季節を詠んだ詩は最古の詩集にも登場する。そして歌人にとって自然とその循環過程は、連句と発句の発展の全時期をつうじて、そして現代にいたるまで、重要な主題でありつづけてきた。日本語の多くの単語と言いまわしが、季節と季節ごとの人間活動に関する言外の意味を獲得した。こうして、語の文字どおりの意味によって喚起される自然界の姿より以上のものを、心にもたらす。たとえば、詩のなかの「花」は鑑賞用の桜の花を意味し、また暖かな春風にそよぐ桜の花と連合するイメージを意味する。この「ロゴポエイア logopoeia」**が詩人に、単純な表現のなかに非常に多くのイメージを凝縮して入れることを許す。宗祇（一四二一－一五〇二）は芭蕉の二〇〇年前に、連句においてこの技巧をマスターした。そしてその後、この技巧が日本の詩の支柱になった。そして、すべての俳句は——その伝統的な形式のものにおいては少なくとも——完全であるためには季節に言及しなければならないので、俳句が詩としてのその地位を確立して以後、こうして結びつけられた複雑なイメージを利用することをとおして、季節と自然は〔日本の〕詩の中心テーマでありつづけることになった。逆説的だが、俳句を非常に純粋なものにするのは、すべての感覚を貫いて連合された「イメージ」の凝縮である。蛙が水車用の池に飛びこむポチャンという音が、「水の音」によって喚起される静寂さ、水面の波紋、そして一瞬の色の輝きと一緒になって、その瞬間についての想像へとわれわれを導く。より長たらしい記述はこの想像を喚起することができない。それゆえ、われわれは俳句のなかに、自然界との一定の関係のなかで、思考する人間の経験についての、最高に芸術的な表現を見いだす。そして芭蕉は疑いもなく最も偉大な俳諧師のひとりであった。しかし彼の天才は、彼のスタイルの精巧さより以上のもののなかにある。

日本の歴史の徳川時代（一六〇〇－一八六七）のあいだ、哲学における大きな発展は存在しなかったように見える一方で、芭蕉が生きたのとほぼ同じ時期に行なわれた、外国からの影響を締め出すための鎖国は、その時代の有能な人びとが生みだした「国内産の」芸術や文学の純日本的な側面を強めた。作家も芸術家もかれら自身の文化的な祖先を振り返った。たとえば芭蕉が、宗祇の書いたもののなかに大きなインスピレーションを見いだしたのはあきらかである。だがまた、芭蕉ははっきりわかる仕方で日本的な「……人間の経験の宗教的次元と文学的次元の融合」に頼り[4]、分離することも可能な経験の異なる諸側面を、分離することをあえて拒否した。したがって、芭蕉の詩を、神道、仏教、そして初期の中国思想といった、その宗教的、哲学的なルーツから切り離して「純粋な」文学としてだけあつかうのは、不誠実である。この共存の精神において、芭蕉の〔詩に現われている〕日本 Basho's Japan のなかには、今日、同じ神社のなかに仏教と神道がしばしば一緒に祭られているのと同様に、慣習と起源における違いにもかかわらず、仏教と神道が同居している。芭蕉の詩はこの「融合」の伝統と一致しており、しばしば自然にたいする最も洗練された応答のなかに、神道に由来する明白なアニミズムを組み入れている。

うぐひすを　　Making the uguisu [Warbler bird] its spirit
魂にねむるか　　The lovely willow-tree
嬌《たう》柳　　Sleeps there.(5)

しかしながら、芭蕉は生物の世界に関する単純でロマンティックな見方を提出していると見るならば、もっと深層にある仏教の要素を無視することになるだろう。芭蕉が禅師のもとで瞑想の仕方を会得したことはほとんど確実であり、仏教への直接的言及も彼の詩のあちこちに見られる。

ねはん会《え》や　　The aniversary of the Death of the Buddha;

皺手合わする　From wrinkled praying hands,
数珠の音　The sound of the rosaries.(6)

たとえ仏教に直接に触れていないにせよ、芭蕉の詩はしばしば仏教思想の鍵となる要素——無常、無我、空、そしてすべての生き物がもつ苦についての感覚、そしてわれわれがこれらの存在にたいしてもつべき（そして、われわれがわれわれの自然・本性に注意を払うならば感じるであろう）共感——を模範的に示している。

永き日も　Singing, singing,
囀りたらぬ　All the long day,
ひばり哉　But not long enough for the skylark.(7)

そして〔故郷伊賀上野に帰り母の墓参をしたときに、前年に〕亡くなった母の遺髪に言及して、

手にとらば　Should I take it in my hand,
消えん涙ぞあつき　It would melt in my hot tears,
秋の霜　Like autumn frost.(8)

とりわけ、芭蕉の作品のすべてを支配しているのは、あらゆる物にたいする思いやりに満ちた共感で、

猿を聞く人　The ancient poet / who pitied monkeys for their cries,
捨て子に秋の　What would he say, if he saw
かぜいかに　This child crying in the autumn wind?(9)

彼はわれわれにとって不可能なこと、われわれが自然的事物からなる実在の世界——そこでは花が輝かしく美しく咲き、そしてやがて萎み、枯れるが、つぎの年にはふたたび一つ一つの花が新しく唯一のものとして咲く——を、思考を介在させずに一瞬に見てとることに、われわれを導こうとくわだてる。そのような洞察は、われわれが悟りの境地に達することによってのみ達成されうる。なぜならば、そのときにのみ、すべての生き物と仏の心が繫がっていることをわれわれは感知するだろうからである。しかも、すべての偉大な禅師のように、芭蕉はカエルや花やぬかるんだ道を経験する瞬間をわれわれに示すことによって、つねにその方法を指し示そうと努めている。芭蕉は、禅の観点から、湖に映った秋の月の静けさは、われわれの思考や理論にもとづくお喋りよりもずっと多くのことをわれわれ自身について教えてくれるということを、われわれに思いおこさせる。

俳句の形式の熟練に、仏教的な洞察と、物質的関心からほとんど自由な私生活の態度とを結びつけることによって、芭蕉は、日本の文化と文学に強い影響を与えつづけることになった、最も広い意味での自然観を生みだした。芭蕉のあと、俳句づくりは新たに活気づき、盛んになった。彼の旅行が全国に彼の教えと作風をひろめたからである。多くの弟子と模倣する人びとがいたが、芭蕉の同時期の人びとのなかにも、またすぐあとに続く人びとのなかにも、彼と同様の落ちついた簡潔さのレベルに達する者はいなかった。もう少しあとの詩人のなかでは蕪村（一七一六－一七八三）と一茶（一七六三－一八二七）だけが、日本の近代詩にたいして芭蕉に匹敵する影響力をもちえた。とくに、一茶は生き物にたいする共感の純粋な芸術上の経験という点で、けっして消し去ることのできない作品を芭蕉以上に多く残した。とはいえ、十分に確立された文学の伝統を新しくする一方、俳句づくりのために初期のすべてのモデルを廃棄することによって、俳句づくりをそのような禅のめざす目的のために具体的に利用したのは芭蕉であった。

芭蕉の詩は、いまでは、ほとんどすべての禅のコレクション〔禅を集中的に紹介する書物〕に登場する(10)。芭蕉はまた、禅とディープ・エコロジーを結びつけようと試みる仏教思想家によって引用され、利用される。だが、結局、彼の自然界にたいする関心を生かしつづけ、たえず新たな読者を引きつけるのは、彼の散文と詩の無雑な純粋さである。

注

（1） Bashō, *The Narrow Road to the Deep North and Other Travel Sketches*, trans. Nobuyuki Yuasa, Harmondsworth: Penguin, 1966, p. 108.

（2） R. Aiken, *A Zen Wave: Basho's Haiku and Zen*, New York: Weatherill, 1978. この句以上に議論と分析の対象になった俳句はない。日本語では、音と形と内容とが完全な調和をなしている。そしてすべての俳句がそうであるように、翻訳の問題が生じる。以下を見よ。HIROAKI Sato, *One Hundred Frogs: From Renga to Haiku to English*, New York: Weatherill, 1983.〔井本農一、堀信夫注解『松尾芭蕉集①全発句』一四六〜八頁参照〕

（3） R. H. Blyth, *The Genius of Haiku: Readings from R. H. Blyth on Poetry, Life and Zen*, London: The British Haiku Society, 1994, p. 72.

（4） W. R. LaFleur, *The Karma of Words: Buddhism and the Literary Arts in Medieval Japan*, Berkeley, CA: University of California Press, 1983, p. 149.

（5） R. H. Blyth, *A History of Haiku*, 2vols, Tokyo: Hokuseido Press, 1963, p. 111.〔『荘子』斉物編の荘周が夢のなかで胡蝶となったという故事を踏まえたもの。なよやかな女性が眠っているように見える柳のなかから鶯の声が聞こえる。柳は鶯を自分の魂とする夢をみているのではないか、という趣旨。井本農一、堀信夫注解『松尾芭蕉集①全発句』九一頁による。〕

（6） Ibid., p. 119.〔元禄年間（一六八八年以降）の句の一つ。この句の「ねはん会」はのちに、「潅仏《くわんぶつ》」＝釈迦の誕生日に変えられた。『松尾芭蕉集①』五〇七頁〕

（7） Ibid., p. 127.〔『松尾芭蕉集①』一五七頁〕

（8） Ibid.〔『のざらし紀行』井本他校注・訳『松尾芭蕉集②』二一五頁〕

（9） *The Narrow Road to the Deep North and Other Travel Sketches*, p. 52.〔猿の鳴き声に腸《はらわた》をしぼる詩人（杜甫）たちよ、この富士川の辺に捨てられている子供に吹く秋風をどう受け取ればよいのか。一六八四年、四十一歳の句。

同書二一二頁〕

（10）　ここでそれらを通覧することは不可能であるが、バランスのとれたよい例として以下を見よ。K. Tanahashi and Tensho D. Schneider (eds), *Essential Zen*, New York: HarperCollins, 1994.

*　これにたいして、連句の発句の場合には「かるさ」が重視され、また談林俳諧では機知滑稽を主眼としていたとされる。たとえば井本農一「芭蕉の発句について」、『松尾芭蕉集①』。

**　この論文の著者、モスレイ氏から教えてもらったところによれば、この語は、一九二九年に、エズラ・パウンドが最初にもちいたが、相当する英語の単語はないという。語をたんに直接の意味のためにのみもちいるのでなく、語を特別な仕方で、特別のコンテクストにおいてもちいる「語のあいだでの知的なダンス」（O. E. D.）だという。

→仏陀も見よ。

■芭蕉の主要著作

井本農一、堀信夫注解『松尾芭蕉集』（①　全発句）、井本農一、久富哲雄、村松友次、堀切実校注・訳『松尾芭蕉集』（②　紀行・日記編、俳文編、連句編）、〈新編日本古典文学全集〉、小学館、一九九五、一九九九年。

潁原退蔵、加藤楸邨、矢島房利著『新芭蕉講座』全9巻、三省堂、一九九五年。

小宮豊隆監修『校本芭蕉全集』全10巻、角川書店、一九六九年。

島居清編著『芭蕉連句全註解』10巻＋別冊1、桜楓社、一九七九〜一九八三年。

ジャン・ジャック・ルソー　1712–78
Jean-Jacques Rousseau

人間の適切な研究はその環境との関係の研究である……これは人間が一生にわたって行なうべきことである。(1)

ジュネーヴで生まれたルソーは、彼の叔母と、時計職人で変人の父親により育てられた。父親は文学、とくに古典にたいする一生かわらぬ愛を彼に教えこんだ。〔父の失踪による〕不安定な子供の時期と数年間の放浪ののち、一七四三年にルソーはパリに移り住んだ。彼はそこで偉大な『百科全書あるいは理性に基礎づけられた辞典』にかかわったディドロや他の哲学者たちと出会った。彼は『百科全書』のために音楽に関する項目を執筆した。一七四九年にルソーは、〔ディジョンのアカデミーの懸賞論文の課題を読んで〕彼の精神を震撼させるインスピレーションを経験した。のちに、彼のすべての哲学的考察はそこから引き出されたと彼は主張している。彼は一七五〇年に『学問・芸術論』で権威のある賞を獲得し、また二つのオペラを書いた。一七五四年にジュネーヴに戻ったときにはカルヴァン主義に再改宗し、市民権を得たが、彼はこのことを生涯誇りにしていた。つづく八年のあいだ、おもにジュネーヴに住みつつ、『エミール』、『社会契約論』を含む、彼の主要な著作の大部分を刊行した。これらの著作はパリとジュネーヴで発禁処分を受け、逮捕状が出たため、ルソーは、ヒュームの強い誘いにより英国に移ったが、ヒュームともすぐに喧嘩をした。一七六七年にフランスに戻ったが、精神的に不安定で、逮捕されるのではないかという不安につねにつきまとわれていた。一七七〇年、パリに最終的に落ちつき、『告白』を完成させた。だが、深いつき合いのあった昔の友人のエピネー夫人が『告白』朗読会を禁止するよう警察に求めるという結果を招いた。一七七八年に彼は死んだ。最後の未完の著書はより落ちついた黙想的な『孤独な散歩者の夢想』であった。

『学問・芸術に関する論考』〔邦訳『学問・芸術論』、『ルソー』〈世界の名著〉所収〕のなかで彼は、「芸術と学問の再生は道徳の純化に貢献したか」という〔アカデミーの課題の〕問いにたいして、強い否定で答えた。〔百科全書派の〕哲学者たちが支持している見解に真っ向から反対して、彼は、芸術と学問の進歩はすべての社会で道徳性の腐敗と衰退をともなっていたと主張した。この論文で彼は、自然人、自然状態の概念を提出した。自然人は単純さ、虚栄心の欠如、そして基本的な徳を特徴とする。そして自然状態は、上品さ、表面的な装い、そして戦争機械を含む技術・技巧への依存姿勢を修得することによって、侵食されたと言う。彼は古代の歴史から多数の例を引いて、芸術と学問が人間に勇気と愛国心を教えこまなかったこと、逆に、不必要な発明・工夫、絵画や彫刻の阿諛追従、これ見よがしの博学さに、誤って人間のエネルギーを注ぎこませたことを示す。近代の最も高い評価を受けている学問でさえ、怠惰とつまらないものの追求から発展した。天文学は迷信から、幾何学は〔土地の測量という〕財産にたいする貪欲から、そして自然学〔物理学〕は過剰な好奇心から発展したのである。近代の道徳性にたいするルソーの熱心な告発は、人類の憶測の歴史から引き出されている。人類は原初の無垢の状態から堕落したのであり、称賛されているほとんどの文明はその文化・教養の進歩に耐えかねて衰退したのだと、彼は論じる。

その自信に満ちたトーンにもかかわらず、この最初の『論考』は不整合、独創性の欠如、そして危険な状況にたいする治療法のあいまいさという欠点につきまとわれている。この論文では、文化・教養の一般的な衰退が、道徳性の腐食の原因であるのか、それとも結果であるのかについて、彼は明晰ではないのである。

『不平等の起原に関する論考』〔邦訳『人間不平等起源論』、前出〈世界の名著〉所収〕でルソーは、人間の脱自然化、つまり人間が自然的存在の源から進歩しつつ離れ去っていくという、中心的テーマをさらに前へ押しすすめている。この第二の『論考』は独創的で、きちんと論証されており、人間は、原初の状態ではもっぱら自己利益と自分の仲間にたいする攻撃のみを動機として行動するもので、法の支配下にある統治権力の受け入れを強制されるまでは、手に負えない状態にとどまっているという、当時一般に認められていた考え方に逆らって議論を行なっている。ルソーは心身の能力の違いの結果である自然的不平等と、社会的慣習に依存し相互の同意によって公認されるものである道徳的・政治的不平等とを区別する。この論文の主題はしたがって、「自然が法律に従属するようになったのはいつか、そしていかなる奇跡の連続によって、強いものが屈伏して弱いものに奉仕するようになり、人びとが現実の幸福を犠牲にして、空想の安らぎを買い求めるようになったのか、を説明すること(2)」である。ホッブズのような以前の政治理論家は、かれらの仮説的な自然人に、社会化された人間だけがもつ諸観念を与えるという誤ちを犯した。ルソーは、自然権や正義といった道徳的・政治的観念の起源を説明するために、推測にもとづく歴史を構成する。彼は文明化の過程が人間に与えた観念を過去に投影する誘惑に抵抗する。そしてそのかわりに、完全に自然的な人間、つまり、飢え、渇き、そしてセックスの基本的な欲求が最も直接的な仕方で満たされる生物を考察する。

ルソーはデカルトにしたがい、〔人間を含めてすべての〕動物は、身体的次元においては、栄養物を探したり、危害を加えるものから身を守ったりそれを避けたりするための感覚によって駆動される、精巧な機械だと考える。だが、人間以外の動物は本能の内在的な働きによって欲求充足活動を遂行するのにたいして、人間は選択の自由をもつ。人間は、かれらの自然的欲望がそうするようにと強制する行動の実行に、同意するかそれとも実行を控えるか自由なのである。「意思する力、いやむしろ選択する力のなかには、そしてこの力を感じることのなかには、純粋に精神的で、機械論の諸法則によってはまったく説明することのできない働き以外の何ものも見いだすことはできない(3)」。この自由についての説明は、『エミール』におけるサヴォア人神父の議論における精神と身体の二元論を予示している。こうしてルソーは、人間の身体的側面だけが機械論的観点から説明できるという哲学的見解に明白に味方している。しかし、人間以外の動物が感覚をもった生き物であるという事実は、かれらも自然権にともに与るべきだということを意味する。人間はけだものたちにたいする責務にも服しているのである。「これはけだものたちが理性を有しているからではなく、感覚を有しているからである。この特質は人間とけだものの両方に共通するものであり、それゆえ、少なくともけものにたいして、人間によってでたらめに虐待されることはないという権利が与えられるべきだ」(4)。ここでルソーは、人間以外の動物も固有の道徳的地位をもつということについての最初の構想のひとつを、はっきりと表現している。

この完全な自然人の条件を越えでる最初の一歩は、ちょっとした土地を自分のものだと宣言した最初の人物によって踏みだされた。かくして、市民社会が私有財産の観念にもとづいて設立される。だが、自然人の基本的欲求の満足は、気候、土壌、その他さまざまな条件によっては即座に実現しないかもしれず、それらの条件が、住まいや貯えや道具など追加的な欲求を喚起しただろう。これら諸目的の実現にとって最善の方法を反省することによって、いくつかの場合にだけ自分の私的個人的利害の追求が自分の最善の利益を生むのにたいして、他の場合には自分の仲間たちが利益を追求するのに協力することが、自分の延期された欲求に最も役立つということ〔の承認〕を要求する、分別の感覚を身につけたであろう。自分の欲求を休みなく追求する必要から自由になった、社会化された人間たちは、ルソーのとても楽しい言いまわしをもちいると、「恋愛と余暇から生まれたほんとうの子供である」歌と踊りの機会をもった〔〈世界の名著〉一五八頁〕。不平等――一方の虚栄と軽蔑、他方の不面目と妬み――への最初の一歩が踏みだされたのは、公けの尊敬を得たいという欲望からであった。道徳感情とは、人や行為一般の適切な価値評価に合っていると見なされたり、それに反すると見なされたりする、人びとやその行為にたいして下される判断である。

ルソーは、推測された黄金時代、「世界のほんとうの青年期」を絶賛する。その最もよい例が「原始状態の怠惰とわれわれの自尊心にもとづく気むずかしい活動とのあいだの正しい中間」を維持している高貴な未開人である[5]。つぎの段階は、専門化された労働である冶金と農業が行なわれる段階である。だが、自然資源の分布にはむらがあり、より大きな財産と権力をもった人びとがより大きな富を蓄積することを確実にした。貧しいものが奉仕する仕組み、保護を受けることとひきかえに、貧しいものがかれらの労働を、ときには自由をも提供する仕組みを維持することは、財産と権力をもった人びとの利益にかなっていた。金持ちはより大きな物質的善を享受し、そして才能のあるものはより大きな公的尊敬を享受するので、資質に恵まれていない人びとが、実際の自分とは違うように人に見せることが新たな利益となった。追従、策略、欺きが重要な技術となった。しかし、金持ちや権力者も、他の者から受ける危害やあるいは暴動とさえも戦わなければならないかもしれず、こうして、彼らは独創的な計画を立てた。「自然法が味方していないがゆえに、自分たちに有利となるように、自分たちの敵と同盟すること、敵に異なる行動原理を吹きこみ、彼らに別の制度を与えること」。こうして最初の社会契約がさし出された。そこでは、すべての者を統治する主権は法の支配にしたがうことになっていた。「だれもが、まっしぐらに、自分たちの自由を確保することを望んで、鉄鎖に向かった」。契約は「貧しい者たちに新たな足枷をつけさせ、金持ちたちには新たな権力を与えた。それは自然状態での自由を破壊し二度と取りもどすことを不可能にし……少数の野心家たちの利益のために、全人類を永久の労働、隷属、そして悲惨に屈伏させた」[6]。

進歩にともなう人間の脱自然化の結果生じた、この不幸にたいする断固とした告発は、再度『社会契約』のなかで取りあげられる。「人間は自由に生まれる（生まれた）、そしていたるところで鎖に繋がれている」（〈世界の名著〉二三二頁）。『社会契約』が描く契約による連合は、市民を分離に追いやるのではなく、相互に引きよせる。そして、自由を強める公的約束にもとづく理想的な平等を保護するものである。ルソーは、原初の自然な条件から市民社会に移行するときに適切な道をたどれば、真の自由 liberty を抑圧することなく、欲求と欲望をわれわれ自身のために定めた法律への服従に転換することによって、われわれの自由 freedom が実現されるにちがいないと論ずる。彼の急進的なヴィジョンは、契約による連合は、さまざまな諸党派が、契約がなければ実現することができなかったであろう願望を確実に達成できるようにする、という考えに議論を集中している。「相互支配からの自由を断念することによって、……市民は孤独な未開人には想像することもできない道徳的人格性と協力への関心とを獲得する」[7]。

『社会契約』のなかではわずかしか論じられなかった二つのテーマ——人間の自然的条件および脱自然化のプロセス——についての、ルソーの完全に成熟した説明が、『エミール』のなかにある。『エミール』は五巻に分かれており、それらは大まかに人間の五つの年齢期——幼児期、児童期、思春期、青年期、そして成人期——に対応している。この複雑でこみ入った著作の中心テーマはつぎのことである。すなわち、子供の適切な教育は、子供の自然的な欲望を彼らが大人になったときに重要になるだろう目的に向かって導いていくために、彼らの認識能力と情愛の能力の成熟を考慮に入れなければならず、成長期のそれぞれの段階で大人の期待を押しつけてはならないということである。彼自身の家庭教師としての経験から、ルソーは、子供が大人の命令にしたがうよう強制する唯一の方法は、指図したり命令したりしないこと、何も禁じないこと、いっさいの説教をしないこと、本による勉強で退屈させないようにすることだ、ということを学んだのだ(8)。

ルソーはジョン・ロックの『教育論』とその多くの信奉者に、徹底的に反対した。彼によれば、これらの人びとは子供の自然な傾向を歪め、無益な仕事、虚しい自惚れ、社交上の表面的な上品さなどを追求する気持ちを作りあげた。ルソーの人を驚かせる勧告は、生徒の自然的な善良さをだめにすることなしに学習へと向わせる、生まれつきの他の二つの駆動力を生かせということである。児童期においては、この基本的な駆動力は食物にたいするものであり、思春期以降はセックスにたいする駆動力である。これらに関するアラン・ブルームの優れた分析では、子供が自分の望む食べ物を捜しだすのにたいして、青年と若い大人は別の理想を捜しだすのである。なぜなら、彼は自分がほんとうに求めているものが何であるのかをまだ知らないからである。「なすべきことは彼の願望・欲望が満たされるまえにそれを豊かなものにしておくことである。……目標は、セックスを愛から区別する能力に先だつ彼の願望・欲望を昇華されたものにし、彼がその区別を知ったときには、それに興味をもたないようにすることである」(9)。エミールを教育するという教師の一生をかけた仕事は、エミールに、たんに彼の性的な願望・欲望の実現であるだけでなく、同時に、彼の世界で熱望する理想の実現でもある、ソフィーとの出会いの準備をさせることである。

教育が開始される以前の子供はすべて、黄金時代の自分の世界のなかで、過剰な自己愛を行動の源泉とする自然の生物として生きている。だが、身近な環境は子供の願望・欲望をつねに満たしてくれるわけではなく、また子供は自分の目的を達成するために他の人や事物を操作する能力に頼ることもできない。しかしながら、自然は、人間にたいして想像力を授けてもいる。この想像力のもつ認識する能力は、子供自身の生存のために通常は自然が与えてくれていないものの代わりをし、補ってくれる。成熟しつつある子供が、他の人びとも願望や感情をもっており、共感や同情をつうじて自分の世界を広げることができるということを理解するようになるのは、この想像力によってである。大人は他者の共感や同情、つまり彼自身の願望・欲望とその実現にたいして他者が仲間として支持する感情を、必要とする。他の大人たちとのこの相互協定は、自分のことは自分で行なう、人間の原初的様式と、社会化された様式における他者の評価とのあいだの、過不足のない均衡に基礎をもつ。「人間の適切な研究はその環境との関係の研究である。人間がその環境を自分の身体的な自然・本性をつうじて知るだけであるかぎりにおいては、人間は事物との関係において人間自身を研究すべきである。これが人間の子供の時期にとってなされるべきことである。人間が自分の道徳的本性について知りはじめたなら、人間は自分の仲間たちとの関係において自分を研究すべきである。これは人間が一生にわたって行なうべきことである[10]」。

ルソーはしばしば啓蒙の企ての幅ひろい潮流のなかに数え入れられる。そして、彼は宗教的偏見をなくそうとする哲学者たちの試みにも同意した。だが、彼は人間の理性がわれわれの情熱を支配すべきだというエリート主義的考えを拒否する点で、哲学者たちの最も鋭い批判者であった。彼はベーコンやデカルトが唱導した自然の秩序にたいする人間の支配と、神の創造した貴重な贈り物の搾取・開発の推進を拒否した。ルソーは普通の人の自然な善良さを、情熱をこめて論じ、集合的な自己表現と民衆の自己統治の観念を擁護した。理想の愛と地上の天国を思わせるところのある、彼の書簡体の小説『ジュリー、新エロイーズ』は強い影響をおよぼし、おおいに模倣された。『エミール』はプラトンの『国家』以来の教育に関する最も重要な論考になった。そして『孤独な散歩者の夢想』は、ロマン的自然主義運動にとって必携の書になった。彼の生涯と著作の全体を貫いている最も強い関心のひとつは、個人の支配と服従をなくそうとする非妥協的な態度である。個人の支配と服従は個々人を世俗的欲望追求に鎖で縛りつけ、彼の自然的な自由を否定するからである。

注

（1） *Émile, or On Education*, 1911, trans. Barbara Foxley, London: Everyman, 1992. pp. 209-10.〔平岡昇訳『ルソー　エミール』〈世界の大思想17〉、二二二頁。文中の「環境 environment」は平岡訳では「自分と関連のあるさまざまな事柄」である。〕

（2） *The Social Contract and the Discourses*, 1913, trans. G.D.H. Cole, London: J.M. Dent, 1973. pp. 44-5.〔『ルソー』

〈世界の名著40〉、二八～九頁〕
(3) Ibid., p. 54.〔同書一二九頁〕
(4) Ibid., p. 42.〔同書一一六頁〕
(5) Ibid., p. 82.〔同書一五九～六〇頁〕
(6) Ibid., pp. 88, 89.〔同書一六七頁〕
(7) Robert Wokler, *Rousseau*, Past Masters Series, Oxford : Oxford University Press, p. 61, 1995.
(8) Ibid., p. 94.
(9) Alan Bloom, *Love and Friendship*, New York : Simon&Schuster, p. 61, 1994.
(10) *Émile*, pp. 209-10.〔注(1)に同じ〕

→ベーコン、ゲーテも見よ。

■ルソーの主要著作

小林善彦ほか訳『ルソー全集』全14巻、白水社、一九七八～一九八四年。

今野一雄訳『エミール　上・中・下』〈岩波文庫〉、岩波書店、一九七八年。

平岡昇編『ルソー』(「学問・芸術論」、「人間不平等起原論」、「社会契約論」、「エミール(抄訳)」所収)、〈世界の名著40〉、中央公論社、一九七〇年。

平岡昇訳『ルソー　エミール』〈世界の大思想17〉、河出書房、一九六六年。

ヨハン・ヴォルフガング・フォン・ゲーテ　1749-1832
Johann Wolfgang von Goethe

機械類の増加は私を不安にさせ、苦しめ、恐怖を与える。機械は、雷雨のように、ごろごろ唸りながらゆっくり、ゆっくりとやってくる。だが、すでに途中まできており、そして確実にわれわれに襲いかかるのだ。(1)

ゲーテが生まれたのは一七四九年八月二八日であった。当時のドイツは、まだ工業化されていない領邦国家の集まりであった。詩人、劇作家、小説家、芸術家、批評家、法律家、官吏、政治家そして科学者であったこの卓越した天才が一八三二年三月二二日に亡くなるまでのあいだに、ドイツは遅れた産業革命がまさにはじまるところにさしかかっていた。フランクフルトで子供の時代を過ごしたあと、ゲーテはライプツィヒとシュトゥラースブルクで法律を学んだ。〔ゲーテはライプツィヒ滞在中に重い病にかかり半年を越える病床生活を送った。〕病から回復しつつあった時期に錬金術を少しかじったが、錬金術の基礎をなす哲学から受けた影響は、のちにゲーテが科学と文学の両方に携わったときにも、依然として著しい。一七七一年に彼は法律家になるための実習を受けはじめた。だが、一七七四年の彼のドラマ『ゲッツ・フォン・ベルリヒンゲン』と、とりわけ、彼の書簡体の小説『若きヴェルテルの悲哀』（邦訳『若きウェルテルの悩み』）の大成功により、彼は一躍ヨーロッパ全域に知られる有名作家になった。一七七六年、ゲーテはザクセン・ヴァイマール公国の宮廷に呼ばれ、カール・アウグスト侯爵の庇護のもとで、官吏かつ大臣としてヴァイマールでの一生にわたる経歴を開始した。一七八二年、彼は貴族に列せられた。そしてその後の一〇年間に自然科学にたいする興味が発展し、時の経過とともに彼の関心分野は地質学（彼は一時期、鉱山大臣になった）、植物学、光学、動物学、解剖学、形態学、そして気象学にひろがった。とくに彼の植物学と地質学の研究は一七八六年から一七八八年にかけてのイタリア滞在中にすすめられた(2)。一七九〇年代のゲーテは、のちに世界的な古典となる多数の文学作品を計画し、長期間にわたって取りくんだ（とくに、ファウストの第二部は一八三一年にはじめて完成した）だけではなく、彼自身の色彩論を書くために、アイザック・ニュートンの光学の理論の権威を否定する努力を開始したが、これも長期にわたるものであった。ゲーテは最終的には一八一〇年に彼の『色彩の理論』を刊行したが、このときまでに、彼の文学的な評判は、一八〇六年の『ファウスト』第一部と一八〇九年の小説『選択的親和力』（邦訳『親和力』）の刊行により、新たな高みに達しつつあった。一八二〇年代までに、ゲーテは非常に有名になり、またきわめて重要な人物として認められたために、彼の友人のエッカーマンは数年間にわたって、彼の夕食時の会話の詳細なメモを作ったほどである。他の出所からの資料と、ゲーテが書いた膨大な言葉と、このメモが、ゲーテの思想を検討・評価するためのきわめて豊かな源泉となってきた。

環境思想に関心をもつ人びとにとってゲーテが魅力的であるのは、まず第一に彼の自然観のためである。彼は（なんらかの組織に入るとか、熱心に伝道しようとしたということはないけれども）ギリシャの新しい異教に魅かれ、人生の早い時期にキリスト教信仰を放棄し、彼の仕事のあらゆる面に、自然についてのホーリスティック（全体論的）な見方を取り入れた。通常、彼は汎神論者であったとされるが、[3] 彼自身は汎神論という語には慎重であった。だが、彼のホーリスティックな自然理解、彼の「神である自然」への態度にスピリチュアル（宗教的）な要素があること、そしてとりわけ、またあらゆるところで明白だが、彼の自然界にたいする情熱に満ちた畏敬の姿勢には疑いがない。しかしながら、ゲーテはもっぱら自然の全体性にのみ注目する自然観は拒否した。外面に現れているだけの、完結した、静的に与えられているものとして自然を考えることは、切り離された微細な要素にのみ注意を向ける、過剰に分析的、分類的なアプローチと同じく、認識を妨げるものので、実際には誤りである。ゲーテの考えでは、全体に関する問いと部分に関する問いは切り離すことができない。他方を見、考えることなしに、一方だけを見、考えることはできず、両方とも、耐えざる変化、成長、死、再生のプロセスの一部と見なされなければならない。このような理由によって彼は、「科学の要請」と「芸術と模倣の衝動」のあいだには親密な関係があると確信していた。[4] それゆえ、ハイゼンベルクの不確定性原理を天才的な仕方で先どりしつつ、また一八世紀と一九世紀の科学的方法が依拠した確固たる客観性に逆らって、ゲーテは主観と客観のあいだ、観測者と観測される対象のあいだには区別は存在しないということを強調した。人間と自然は緊密な織り目をなしており、そのような区別を妨げている。観察の行為そのものが観察されるものに影響を与える一方で、観察されるものは、深いところで観察者を変えることができる。彼が理解した自然の根本的な過程である、結合と分離の、〔呼吸における〕呼気と吸気の双極性が人間の精神に反映している。ゲーテのホーリズムは断固としたものであった。副次的な帰結は、人間と自然とのあいだの関係に倫理的な面が存在しなければならないということである。自然は尊敬されること、崇拝されることすら要求する。自然は、科学者によって観察されるときには、価値観につきまとわれている。ここに、近代の緑〔環境保護〕の運動にたいするゲーテの魅力の多くが存在している。（人類は数千年にわたって自分たちのしるしをこの惑星に残してきたが）人間が純然たる脱工業的やりかたで自然を形成する能力を手にした時代以前に書いているにもかかわらず、ゲーテは、内的な自然と外的な自然は区別できないことを認識し、かくして、一九四〇年代と一九五〇年代にホルクハイマーとアドルノがはじめて十分に展開した、内的なあるいは構成された自然の概念に近づいた。ゲーテの自然観が現代の緑派《グリーンズ》にとって魅力となっているもうひとつの要因は、彼が、自然は予感ないし直観の方法によってのみ適切に理解しうるということを強調していることである。このことは科学の拒否を意味するのではない。それは常識的な科学の方法の拒否を意味しているのである。そして実際、科学者としてのゲーテを理解することが、生態学との関係で彼の思想を理解するために根本的に重要である。

ゲーテの科学的〔学問的〕な仕事でずっと評価されつづけてきたものは、自然科学の分野の最も初期の仕事である、人間の顎間骨の発見である。ゲーテの発見までは、人間の顎には、動物の場合に犬歯を収蔵する一つの骨が欠如していることが、動物と人間の本質的な違いの証拠と考えられていた。人間もそのような解剖学的構造をもっているということを示している頭蓋の縫合は、いまもゲーテの名前をとどめている。* この発見は科学的に重要とは言えないまでも、人間と動物のあいだの関係性を認識するうえで重要なのであり、神学的かつ社会的に重要なのである。彼の発見は生態学的思考を支える本質的な基礎を指し示している。つまり人間は、ゲーテの見解では自然がなし遂げた最高の作品であり、動物とははっきり区別されるものであるが、〔それにもかかわらず〕他のいずれの動物とも同じく自然の一部だということを示しているのである。

解剖学的発見の例外はあるが、ゲーテの科学上の新発見はいずれも永続的な意義をもったものとは認められていない。だが、それにもかかわらず、彼の科学に関する著作は活発な論争のテーマでありつづけている。ヴァルター・ハイトラー、ヴェルナー・ハイゼンベルク、マックス・プランクを含む著名な物理学者たちがゲーテについて書いている。ゲーテにたいしていつまでも興味がもたれる理由は、彼の特異な方法論にある。

この特異な方法論が他のどの著作よりもはっきりと、あるいは十分に表現されているのは、大部の『色彩論』においてであり、これは彼が最も重要なものとみなした著作である(5)。プリズムによる偶然の観察をもとにして、ゲーテは、ニュートンの光のスペクトル理論は間違いだと確信するようになった。彼自身の理解では、光は白色のまとまりで、白色が影とさまざまな程度で混ざりあうことによって色がつくのである。ゲーテは最後まで残念がったが、彼はこのテーゼの正しさを彼の同時代人に納得させることができなかった。もちろん、その理由の一部は彼が完全に間違っていたからである。ニュートンとゲーテは実際には二つの異なる事柄について語っているのだと論じられてきた。つまりニュートンは光の構成要素について語り、ゲーテは光の知覚について語った。[6] ゲーテの科学研究の方法は主観的な知覚に依拠していた。ニュートンにたいする攻撃は客観的なものではまったくなかった。実際、彼の著作の「論争的部分」は、最も汚い言葉でニュートンの性格を侮辱することに捧げられている。事実、ゲーテが強い不安をいだく根拠はニュートンの分析的な方法論にあった。これはゲーテによれば、科学的方法にもとづいて自然を支配する技術の具体化なのである。光学装置をもちいたスペクトル分解は、感情に左右されない解剖であり、自然を対象化、従属化することであった。ゲーテにとって実験の報告・説明とは、目的、方法、装置と結果を記述する決まった方式ではなく、彼自身の感情、実験の起源、彼の五感にたいする効果を含む、実質的な物語である。つまり、コンテクストのなかで作られる物語であり、主体（主観）的な証言にもとづく全体である。実験は経験でもあるのでなければならない、つまり、最も根本的な装置〔五感〕をもった読者が容易にくり返すことができるものでなければならない。そのような繊細な経験 zarte Empirie（繊細な経験主義）のみが、「神である自然」の全体を公正に扱うことができる。正確な詳細や線型の因果性は、ゲーテにとって、幅ひろいコンテクストや相互に結びついたネットワークにくらべて重要性が低かった。絶対にはっきりさせておかなければならないことだが、ゲーテ的な科学は科学の拒絶なのではなく、自然にたいして傲慢な科学の拒絶なのである。ゲーテの影響力の大きさは、今日の生態学や他の分野の科学者で、明白にゲーテ的なやり方で研究を遂行している人たちがいるという事実によって、測ることができる。(7)

ゲーテは普通、文芸上の業績のゆえに称賛されており、そのなかにはエコロジカルな要素の先行形態を発見することもできる。(8)たんなる中身（作品に取りあげられる題材）についても、古いクルミの木を切り倒すことにたいするヴェルテルの絶望は、近代の多くの緑の活動家たちが共感することのできた感情であるし、他方、ヴィルヘルム・マイスターにおいて表現されている、機械が普及することにたいする恐れ（冒頭に引用）もまた現代的な共鳴をもっている。芸術と科学を区別することにたいするゲーテの拒否は、科学的な成果に文学的な表現を与えることへと彼を導いた。彼の詩「植物のメタモルフォーゼ（変身）」は彼の同名の論文の成果を要約したものである。だが、詩「動物のメタモルフォーゼ」は、現代のわれわれの問題に直接的な関連をもっている。ダーウィンのあきらかな先どりは驚くべきものであり、引用に値する（私〔リオルダン〕による翻訳）。

こうして形質が動物の生活様式を規定し、今度は生活様式がすべての形質に強力な影響をおよぼす。秩序だった形成作用がこうしてはっきりと示されており、この形成作用は外部の要素の作用によって、変化する傾向をもっている。(9)

生化学者のフリードリッヒ・クラマーが述べているように、この文章には、強い、ダーウィン主義的響きがある。(10) 少なくとも、ここには、生物が環境に適応する仕方についての、そして生態学的な見方に不可欠な、有機体と環境との相互作用についての明白な認識がある。だが、もっと根本的なレベルにおいても、自然に関するゲーテの思想的前提が彼の文芸上の著作の特徴をなしている。とくに彼の傑作『ファウスト』は、経済が自然の搾取・開発にどのように依拠しているかを示すために、錬金術をメタファーとしてもちいる試みであると解釈されてきた。(11) 同様に、ヨスト・ハーマントは、このテキストを技術の進歩と個人の野心を描いた典型だとする長年の誤読は、訂正を要すると論じている。ほんとうは、『ファウスト』は調和、ホーリズム、そして相互性という自然の徳を褒めたたえているのである。ファウストの破壊的なエネルギーが生じるのは、彼が人間の有する自然との連帯感、あるいは共感をすべて失ってしまったからだと、ハーマントは論ずる。(12)『若きヴェルテルの悲哀』も、『選択的親和力』も、そして多くの詩も、同様に、エコロジーのプリズムをつうじて再解釈されてきている。たとえばドイツ語を話す学童なら誰でも知っている詩である「魔法使いの弟子」は、自分がきちんと理解していない強力な力に手を出すことの危険を教えるために、よくもちいられている。

エコロジーの思想の歴史にたいするゲーテの影響は明白である。ダーウィンの業績がなければ生態学はありえないが、そのダーウィンが『種の起源』のなかで、ゲーテから引用している。エルンスト・ヘッケル〔生態学《エコロギー》の語を作った〕は一九世紀の末に、ホーリスティックな自然に精神的な質を与えた一元論のかたちで、科学と神秘主義を融合した。これがゲーテに由来するものであることは明白である。人智学の創設者で有機農法の創始者であるルドルフ・シュタイナーは、ゲーテに負うところが大きい。それはフリチョフ・カプラのような有名な現代の緑の運動家たちがゲーテに負っているところが大きいのと同様である。[13] ゲーテ自身が、初期の緑の運動家だったのだろうか。あきらかにノーである、はじめの箇所の引用にもかかわらず、蒸気機関は一七七六年に発明されたが、彼の書いた膨大な数の言葉のなかで、それが明示的に言及されるのは、ほんの数回にすぎない。そして、彼の時代には当然のことであるが、彼の全作品は、はっきりとした人間中心主義の脈絡のなかにある。したがって、ゲーテを現代の関心の光のもとで道具化することは、危険であり、人びとを誤りに導くことになるだろう（それぞれの時代は自分たちの目的のために彼を私物化してきたが）。ゲーテは多くのことをなしとげたが、彼がエコロジカルな想像力にとって、インスピレーションの永続的な源泉でありつづけていることには、疑問の余地がない。

注

（1）*Wilhelm Meister's Travelling Years*, 1829; ドイツ語原文からの英訳はリオルダンによる。〔山下肇訳『ウィルヘルム・マイスターの遍歴時代』〈ゲーテ全集　第六巻〉、人文書院、一九六二年、三八一頁参照。訳は須藤〕

（2）彼はとくにルソーの植物に関する著作に印象づけられた。

（3） ゲーテは汎神論という語をもちいることで、彼の思想が単純な仕方で分類されてしまうことを恐れたのである。See letter to C.F. Zelter, 31 October 1831, WA, IV, 49.

（4） See WA,II, 6: 9 (my translation).

（5） 実際、ゲーテはそれが彼の科学的・学問的な、不朽の業績となるだろうと感じた。

（6） See H.A. Glaser(ed.), *Goethe und die Natur*, Frankfurt am Main: Peter Lang, p. 29, 1986.

（7） たとえば、とりわけ以下を見よ。Part II of D. Seamon and A. Zajonc(eds), *Goethe's Way of Science*, entitled 'Doing Goethean Science', Albany, NY : SUNY Press, 1998.

（8） 専門研究者でない人はしばしば誤ってゲーテをロマン主義と結びつける。実際彼は、ロマン主義との関係がアンビヴァレントな重要人物なのである。〔ゲーテとロマン主義のあいだには〕哲学において、根本的な違いがある。

（9） WA, I 3: 90(my translation).

（10） Friedrich Cramer, ' "Denn nur also beschränkt war je das vollkommene möglich" ... Gedanken eines Biochemikers zu Goethes Gedicht "Metamorphose der Tiere" ', in Glaser, op. cit., pp. 119-32.

（11） See Hans-Christoph Binswanger, 'Die moderne Wirtschaft als alchemistischer Prozeß — eine ökonomische Deutung von Goethes "Faust" ', in Glaser, op. cit., pp. 155-76.

（12） Jost Hermand, *Grüne Utopien in Deutschland. Zur Geschichte des ökologischen Bewußtseins*, Frankfurt am Main: Fischer, p. 58, 1991 (my translation). See also Jost Hermand, 'Freiheit in der Bindung. Goethes grüne Weltfrömmigkeit', in Jost Hermand, *Im Wettlauf mit der Zeit. Anstöße zu einer Okologiebewußten Ästhetik*, Berlin: Sigma Bohn, 1991. Gerhard Kaiser は、以下の彼の書のなかで、非常によく似た議論を行なっている。*Mutter Natur und die Dampfmaschine. Ein literarischer Mythos im Rückbezug auf Antike und Christentum*, Freiburg im Breisgau: Rombach Verlag, 1991.

（13） とりわけ以下を見よ。Fritjof Capra, *Wendezeit: Bausteine für ein neues Weltbild*, Munich: Droemer Knaur, 1999.

＊「ゲーテ縫合」である。詳しくは高橋義人『形態と象徴——ゲーテと「緑の自然科学」』岩波書店、一九九九年、二八二〜二八六頁、および口絵参照。本文中の「犬歯 canine teeth」は切歯または前歯が正しいようだ。同書二〇九頁のゲーテの文章には「切歯は顎間骨のなかに根を下ろしている」と書かれている。

→ダーウィン、ルソーも見よ。

■ゲーテの主要著作

登張正實ほか編『ゲーテ全集』全15巻・別巻1、潮出版社、一九七九〜一九九二年。

手塚富雄『ゲーテ』〈人類の知的遺産45〉、講談社、一九八二年。

小栗浩訳「文学論」、「芸術論」、登張正美編『ヘルダー　ゲーテ』〈世界の名著・続7〉、中央公論社、一九七五年。

高橋義孝訳『若きウエルテルの悩み　ファウスト』〈世界文學全集〉、新潮社、一九六一年。

トーマス・ロバート・マルサス
Thomas Robert Malthus　1766－1834

私は、あきらかに、二つの仮定を行なうことができると思う。第一の仮定は、食料は人間の生存のために必要であるというもので、第二の仮定は、両性のあいだの情熱は必然的であり、現在の状態と似たものでありつづける、というものである。私の仮定が認められると想定して、私は、人口の力は人間の生活必需品を生みだす大地の力よりもかぎりなく大きいと言う。人口は、抑制されなければ幾何級数的な割合で増大する。生活必需品はたんに算術的な割合で増大するにすぎない。ほんの少しでも数を知っていれば、前者の力は後者とくらべて、無限に大きいということがわかるだろう。

しばしばもちいられる、右に引用した文は、イギリスの経済学者、数学者、そして聖職者であったトーマス・ロバート・マルサスによる『ゴドウィン氏、コンドルセ氏、その他の著者の考察にたいする見解を付した、人口が将来の社会の改善に与える影響という観点からみた人口の原理に関するエッセー』からのものである。生殖にたいする厳しい制限が存在しなければ、人口の成長はたえず生活必需品の供給を超過するという彼の原理は、今日にいたるまでくり返し引用される。引用されているほどには読まれておらず、彼は、人口の研究者のなかでは最も誤解されている。この本は、彼が田舎の司祭であった三二歳のときに、主として理論的な長めのパンフレットとして、一七九八年に匿名で出版されたが、その後一八〇三年から一八二六年のあいだに、著者の名前を載せた、そしてはるかに多くの調査資料を付けた五つの版が継続的に出版された。これらの版は最初のテーゼは維持しているが、『人口が引きおこす悪を将来除去ないし緩和することに関する展望についての研究を付した、人口の原理に関するエッセー、あるいは人口の過去と現在が人類の幸福に与えている影響についての意見』というタイトルの、分厚く、最初の版とは非常に異なった著作になった。

一八〇三年の第二版までに、マルサスは一八〇一年の国勢調査の結果と教区戸籍簿とから、英国の人口についてずっと多くのことを知った。また、アイルランドと他のいくつかのヨーロッパの国の訪問により、ヨーロッパの人口について以前よりも多くのことを知った。その結果、彼は生産と生殖との関係についての論じ方を変え、人びとが子供を多く産み、人口が増えて貧しくなっていくことに関して以前よりも多少悲観的でなくなった。彼は、人びとが自分の運命について、何事かをなしえているということを理解した。だが、著作の分量と博学さが増したために読みやすさが減り、マルサスがのちに最初の論文を彼の見解の不十分な陳述と見なしたにもかかわらず、支持者も批判者も第一論文に注意を集中する傾向があった。にもかかわらず、彼のこの論文は、一九世紀と二〇世紀の思想にたいしてはかり知れないほどの影響をおよぼし、その結果、人口、経済、環境そして発展／開発のあいだの関係について論じた出版物で、マルサスについて、あるいはマルサス主義について言及しなかったものはほとんどない。さらに、より完成したのちの版で、統計データをもちいて射程の広い理論を確証したことは、人口問題の研究の創始者としてのマルサスの名をよりたしかなものにした。ただし、のちの研究者のなかには、そのデータは実際には、彼の理論の有効性を経験的に証明するものではないと考える者もあったのではあるが。

教養のある郷士《ごうし》（地方の大地主）の八人の子の二番目に生まれたマルサスは、聖職者になるように決められていた。最初は家庭教師による教育を受け、それからケンブリッジのジーザス・カレッジで学んだ。ここで彼は優れた成績をあげ、一七八八年に聖職につき、一七九三年にはジーザス・カレッジの特別研究員に選ばれた。このポストのおかげで彼は、旅行をし、彼の理論をじっくり形成することができた。彼はこの地位を、一八〇四年にハリエット・エカーサルと結婚したあとまで保持した。その後彼は、ハートフォードシャー、ヘイリーベリーの東インド会社カレッジの歴史と政治経済学の教授になった。このときはじめて政治経済学が、英国の大学における講座（研究室）として開設された。彼はその地で静かな生活を送ったが、自分の考えを広く公刊し、生きているあいだに非常に有名になった。彼の後半生は、一八一九年に王立協会会員に、一八二四年に王立文芸協会の準会員になり、そして、一八三三年にはフランス精神科学・政治学アカデミーおよびベルリン王立アカデミーの会員に選ばれたことを含め、多くの栄誉で彩られている。友人にも敵にも同じように寛容で、親切な、気立てのよい人物であったことにはまったく似つかわしくないのだが、彼は全時代をつうじて最も論争的な社会科学者の一人となった。

彼の『人口の原理』の最初の論文が書かれた動機の一部は、一八世紀啓蒙運動を崇拝し、デヴィッド・ヒューム、ジャン・ジャック・ルソー、アダム・スミスなど人道主義的楽観主義に立つ当時の哲学者たちを信奉していた彼の父、ダニエル・マルサスの、底ぬけの楽観主義にたいする反動にある。このエッセーはまた、人類の不完全性を証明することと、理性的、科学的で、また豊かで、平等で、平和で、そして繁栄する将来を称揚する二つの最新のユートピア的ヴィジョン——急進的な英国の政治思想家で著作家、小説家であったウィリアム・ゴドウィンによって書かれた『政治的正義に関する論考』（一七九三年）、およびフランスの政治家で哲学者のコンドルセ侯爵によって書かれた『人間精神の進歩に関する歴史的展望の素描』（一七九五年）——のあやまちを論証することのために書かれた。

マルサスは貧困と悲惨を人類の将来に不可避と見ており、はるかに悲観主義的であった。一八世紀末のマルサスの時代の現実の英国は、経済的社会的革命期にあり、大まかに言えばまだ工業化されていない社会で、エンクロージャー〔囲いこみ＝貴族などによる土地の私有化〕が加速化され、トウモロコシの輸入が輸出にとって代わりつつあった。農村の産業が衰退し農村人口はいくぶん減少しつつある一方で、初期の工業化が進んで都市が成長し、そしてそれらすべての現象と同時に人口が増大しつつあった。社会問題の伝統的な対策は、〔犯罪にたいする刑罰の強化としての〕縛り首と、より大きな公的援助を受ける権利を貧困者に与える救貧法であった。マルサスは平等な社会を構想してみることはなく、貧困は不可避だと考えた。彼は、貧しいものは生活物資の供給を要求する権利をもっていない、貧しいものを助ければ人口は増大し、苦しみは拡大する、と力説した。彼の見解は批判者たちによって過度に単純化されたが、救貧法にたいする反対のなかで彼は、救貧法は大家族を促進し、労働の流動性を制限すると主張して社会政策に影響を与えた。救貧院は最も不幸な人びとのために設置されるべきであるが、「快適な収容所」であってはならない、とした。マルサスは人道主義的な動機をもってはいたが、彼の社会観は厳格であり、ゴドウィンのようなユートピア主義者により、酷薄な保守主義者、悲惨と陰鬱の予言者と見なされたのは驚くことではない。

生活物資を供給する必要が最もさし迫った状態にあった時代に生きたマルサスは、人間という種が、入手できる食糧の大きさを上まわって増大する傾向をもっている、ということに強い関心を抱いた。アメリカ大陸の植民地と合衆国の若い人口集団を例にとって、彼は、人口が二五年ごとに倍増することによって幾何級数的に増大することができたのにたいして、同じ期間に食料はせいぜい算術的に増えることができるにすぎない、と主張した。彼の見解によれば、二つの成長率の不均衡は無制限の人口増大にたいするブレーキとして働くだろう。だが彼は、貧困、病気、戦争、飢饉、そして「あらゆる種類の過剰」によって生じる高い死亡率、すなわち自然の「強制的抑制」の代わりに、「予防的な抑制」という自分の意思にもとづく抑制のメカニズムを働かせることを求める。しかしながら、彼は「自制」を唯一認めることのできる抑制法と見なし、姦通、売春、性的逸脱、バースコントロール、中絶などの他の抑制法は「女性に関する悪い慣習」として拒否している。当時は自分の意思にもとづく出産制限は、めったに行なわれていなかった。そして彼は、結婚による責任を受け入れることができるようになるまで、人は独身生活と純潔を守るべきだと信じており、晩婚後の彼は六人家族が普通だと考えた。のちの版では、初期に彼が理解していたよりも、社会的なあるいは予防的なチェックが重要だということを認めた。とはいえ、それらが、強制的抑制が多少とも連続的に作用しなくなるほど十分に生殖力を減少させるだろうとは信じなかった。

マルサスは経済に関するさまざまな小論文とパンフレットを出版しつづけたが、他に公刊された唯一の重要な著作は『実際の応用にたいする意見とともに考察された、政治経済の原理』(一八二〇年)であった。それは『人口の原理に関するエッセー』にくらべて、その影響力ははるかに小さかったけれども、厳密な経済学的諸提案を組織的に述べようという彼の願望を露わに示していた。これらのなかで彼は、経済的困難をうち消すための公共事業や私的な贅沢への投資を提唱し、また、貯蓄を美徳とする考えを批判していた。「貯蓄は過度に押しすすめれば、生産の動機を破壊するだろう」し、一国が富を最大化するためには、「生産する力と消費する意思とを」バランスさせなければならないからである。低賃金を推奨し慈善に反対することによって、『政治経済の原理』は経済学的な楽観主義にブレーキをかけた。

マルサスは「過去を予言する人」と呼ばれてきた。他の典型的な経済学者と異なり、彼はテクノロジーが生産と人口の両方の動態に影響を与える強い力を予見しなかった。こうした事情からすれば、彼の名前がこれほど長く人びとの注意を惹きつづけることができたのは驚くべきことである。ただし、彼の著作が一八世紀と一九世紀をつうじて深く対立する知的、宗教的な公衆の反応を呼びおこしたことは、それほど驚くことではない。

親しい友人であったデヴィッド・リカード、そしてジョン・スチュアート・ミルなど他の古典経済学者は、彼らの賃金や定常状態などの経済理論にとって、マルサスの人口理論が重要であることを認めた。ずっとあとになると、ジョン・メイナード・ケインズがそこに加わった。また、マルサスはチャールズ・ダーウィンの進化論に触媒的な効果を与えた。というのは、彼の理論には、人口(個体数)の過剰は適応に最も失敗した者の過剰な死亡によって償われるという考え方が含まれており、また、彼の理論はダーウィンに、生存のための闘争はおもに種の内部で起こるということを理解させたからである。どちらかと言えば皮肉なことだが、一九世紀のイギリスの急進的なフランシス・プレイスとその仲間の「バースコントロールを行なう人びと」は、マルサスの理論を採用し、人口の増大に歯止めをかける方法として、バースコントロールを公然と推奨した。マルサスは避妊には頑固に反対していたにもかかわらず、かれらは自分たちの唱える説を新マルサス主義と呼んだ。多くの西洋のプロテスタント国家では個人主義が強く妊娠率が高かったので、のちになると、反出産奨励主義政策を採用したが、通常は〔国家的な〕人口統計上の目的からではなく、〔幸福な小家族という〕社会的な目的からであった。その結果マルサスの名前は、晩婚よりも家族計画と結びつくことになり、晩婚は人口政策としてはほとんど余分で不必要になってしまった。

マルサスの基本的なメッセージ——生産は生殖に追いつかない——は、二〇世紀の後半とくに南アジアの諸国を含む英語を話す国々でかなりの復活を見た。世界人口の増大の加速化、いわゆる第三世界の多くの国々における広範な貧困、有限な資源の過剰な利用、そして地球規模の環境の変化にたいして人間が与える影響、これらの問題についての公的な関心が強まり、「成長の限界」という考え方がふたたび復活した。その典型的な例が、人類のおかれた境遇に関するローマ・クラブの報告書である。マルサスは環境主義者ではなかったけれども、この成長の限界という考え方は、マルサス的な関心事と見なされ、女性の地位の向上とより小さな家族を望む志向の強まりに支えられて、世界じゅうに家族計画をひろめる奨励に役立った。マルサス的という語とマルサス主義という語は、あまりにも広く流行し、歪められてしまって、それらの語の意味はいまや、マルサスのもともとの著作に負うところはほとんどなくなっている。それらの語は、しばしば、人口と資源のあいだの関係性に関する悲観的で陰鬱な見解か、あるいは経済問題を解決するための家族計画の推奨か、そのどちらかとほぼ同様のことを指すためにもちいられる。

反マルサス主義の主張は、アカデミックなものも、社会的政治的なものも、つねに多数存在したが、最も強い反対論が社会主義者、マルクス主義者、そしてカトリック教会によってなされ、いずれも人口成長の利点を強調した。一九世紀の社会主義の著作家たちは異口同音にマルサス理論のモラルを攻撃し、彼を酷薄無情な人物として、マンチェスター個人主義の権化と見なした。同様に、マルクスとエンゲルスにとっては、マルサスは呪詛の語であった。というのも、マルサスは貧しいものの永続的貧困化を正当化したのだから。マルクスは、人口の過剰は生活手段の全般的欠如の結果なのではなく、社会における生活手段の不正な分配の結果であると信じたので、マルサスを激しく攻撃した。この見解は「持てる者」と「持たざる者」とのギャップが拡大したことによって、真実性を獲得した。二〇世紀の前半には、反マルサス主義的な人口増大政策が、ソ連と中国の共産主義国家と、ファシスト的軍国主義的独裁制下のイタリアとドイツで、熱狂的に採用された。のちになるとそうした政策はすべての国で放棄され、現在はどこの国でも低い出生率を経験している。そして、ヴァティカンは長いこと新マルサス主義を敵視してきたが、南ヨーロッパのカトリック国のいくつかは、世界一低い出生率を有している。賛成であれ反対であれ、マルサスは社会科学の多くの分野の考察に重要な影響をもつ思想家として、生きつづけている。

→ダーウィン、マルクス、ウィルソン、エーリックも見よ。

■マルサスの主要著作

高野岩三郎、大内兵衛訳『初版　人口の原理』〈岩波文庫〉、岩波書店、一九九七年。

小林時三郎訳『経済学原理　上・下』〈岩波文庫〉、岩波書店、一九六八年。

永井義雄訳「人口論」（初版本）、水田洋責任編集『バーク　マルサス』〈世界の名著34〉、中央公論社、一九六九年。

ウィリアム・ワーズワス
William Wordsworth　1770 – 1850

自然はけっして裏切らなかった
自然を愛したその心を(1)

ウィリアム・ワーズワスという名前はほとんど、「自然詩人」（そして英国湖水地方〔イングランド北西部〕の風景）と同義語である。矛盾しているようだが、ワーズワスはまた「自己の詩人」（つまり内面の風景の詩人）でもある。実際、ワーズワスが「自然はけっして裏切らなかった／自然を愛したその心を」と書くとき、われわれは彼が、外的自然についての彼の感覚を、代理者、つまり自己「に」仕え、その代理の働きをするものとしてと同時に、「自己」の内面の風景「から」、その両者〔外的自然と心つまり内面〕の将来の〔結びつきの〕約束を受け取る、「心 heart」の応答の受動的な受け取り手として描いているのを見る。(2)ここにはエコロジーの科学〔生態学〕ではなく、エコロジーの経験がある。

ワーズワスのもちいる外的な「自然」と内的な「自然」という語は、その語だけを取ってみれば山々と同じくらい（そして彼が生まれ育った湖水地方と同じくらい）きわめて古いのものだが、彼の用法は驚くほど新しく、そして逆説的でもあった。たとえば、古代の自然崇拝、汎神論のワーズワスによる復興は、キリスト教ヒューマニズム、啓蒙主義的個人主義、産業化時代の無謀な力とエネルギー、そして農村のトーリー主義〔保守主義〕にたいする挑戦であるとともに、それらと容易に調和させることのできるものでもあった。

ワーズワスは英国湖水地方のすぐ外側、ウェスト・カンバーランドのコッカーマウスで生まれた。彼は湖水地方、エススウェイト湖の近くのホークスヘッドで成長し、ケンブリッジのセント・ジョーンズ・カレッジに通った〔一七八七―九一〕。フランス革命の初期にフランスで過ごし、英国にもどって、私生活における孤立、愛国心の混乱、そして、フランス革命の進展にたいする幻滅感の拡大などによって引きおこされた、五年間におよぶ情緒的な危機に耐えた。ドーセットシャーのレイスダウンで、彼の妹のドロシーと一緒に暮らした。通常、無視されているが、彼女が非常に独特な環境思想を抱き、ワーズワスの思想に影響を与えたことが、彼女自身の回想と著作からわかる。その後ドロシーと一緒にサマセットシャのアルフォックスデン Alfoxden〔現在のアルフォックストン Alfoxton〕に移り〔一七九七〕、新しい友人S・T・コールリッジの近くに住んだ。従来の説明の一つにしたがえば、この地でワーズワスは、サマセットシャの田園風景のなかで自然の作用とリズムにたいして、人間関係におけるのと同様の感覚が生まれ、成長するのを経験したが、その感覚の成長とともに、彼は意志的・意識的な生の感覚を回復した。

ドナルド・オースターは「自然にたいするロマン派の姿勢は、根本的にエコロジカルであった。

つまりロマン派は、関係、相互依存、そしてホーリズムに関心をもっていたのだ」と書いている。(3)ワーズワスにとっては、この三つの概念は心的 psychological なものであるとともに、〔外的自然にかかわる〕エコロジカルなものでもあり、このことは、ワーズワスの環境思想にたいする最も重要な貢献であるところの、思考と感情のエコロジーへの歩みに対応するものである。実際、サマセットシャで、自然を有機的に結びついた全体として受けとる彼の感覚は、一個の人格としての全体的まとまり personal wholeness を求める感覚から成長して、それを越え出てしまったように見える（統一・まとまり whole = 元気な hale = 健康 health）。しかしながら、何人かの批評家たちが述べているように、ワーズワスの回復は自然それじたいの固有な統一性を承認することであるよりも、むしろ、やっかいな政治的かつ個人的な責任を回避することであった。(4) それにもかかわらず、そうした論争は、ワーズワスが近代の環境哲学において占めている中心的な位置を掘りくずすというよりは、彼を中心に置きつづけることに寄与した。

一七九八年に、ワーズワスとコールリッジは『叙情民謡集』Lyrical Ballads を刊行した。思いきった言い方をすれば、この本は詩における、そしてわれわれが、われわれの内的自然と（われわれの？）外的自然との関係についてどのように考えるかということにおける、コペルニクス的転換を開始した。コペルニクスは太陽系の地球中心的（そして人間中心的）なモデルを、太陽中心的モデルに置きかえた。『叙情民謡集』においてはそのような絶対的な転換が行なわれたのではないけれども、ワーズワスとコールリッジは彼らの初期の詩のなかで、経験の人間中心的なモデルを、今日のわれわれならば生命中心的と呼ぶであろうモデルで置きかえようとしている。実際、この新たな見方においては、「経験」とは一般的な、生物学的カテゴリーであって、たんなる人間的カテゴリーでない。『叙情的民謡集』のなかの「早春に書かれた詩」で、ワーズワスはつぎのように書いている。

芽ぶきはじめた枝々は扇のように広がり、
そよ風を摑まえようとしている
私は、〔そうした考えを退けようとする〕あらゆる努力にもかかわらず、こう考えずにはおられない
枝々はそこで喜んでいるのだと
もし私がこうした考えをやめることができないとするならば
もしそうした考えが私の信条ならば
私は嘆く理由をもたないだろうか
人間は人間をこれまでどのように扱ってきたのかと

この基調をなす生命中心的なイメージにおいては、「枝々」が喜びを経験するのだ！　もちろんこれは、動物の鳴き声は機械の歯車がギーギー音を立てることの、有機体における等価物であるに

すぎないと信じたルネ・デカルト〔一五九六−一六五〇〕の機械論的見解からは、遠く離れた叫び声だ。しかしながら、ワーズワスにとっても、物質と精神の（「枝々」と「喜び」の）本質的な分離にたいするデカルト的信念から自分を切り離すことは、けっして容易なことではない。ワーズワスが、「枝々」が「そこで喜んでいる」（四行目）と彼は「考えずにはおられない」（強調がつけ加えられている〔三行目〕）と書くとき、そうした結論は、彼がそのような非合理な考えをやめようと、自分のできる努力をすべてしたあとで（「あらゆる努力にもかかわらず」）はじめて下されたものだと、彼は同じ詩のなかでわれわれに述べている。経験の生命中心的な見方を承認するための彼自身の格闘を具体的に目に見えるように描こうとして、彼は「考えずにはおられない」という言葉をもちいているが、ワーズワスはそこに、彼の思考は何ほどか彼自身のコントロールを超えている、ということを含意させている。哲学的に言えば、彼の思考が、デカルト的伝統で言うようには自明でも、直接的に知りうるものでもないということの発見を、具体的に目に見えるように描いている。ワーズワスにとって心は、それ自身にたいして十分には現前せず、自然の生きた働き、ワーズワスがのちに『叙情的民謡集』のなかで「春の森からのひとつの衝撃」と呼ぶ働きとの出会いとしてのみ、理解しうるものなのである。チャールズ・S・パース〔一八三九−一九一四〕は「あらゆる思考は〔内部の心の〕外部に現れた記号である」と主張し、「人間は外部に現れた記号である」ということを証明しているが[5]、これと同様にワーズワスが、彼自身の思考の働きの一部を彼自身の外に置く（つまり彼の環境のなかにおく）ことは、デカルト的な合理的精神の在処だと推測されている内面から、意識を他の場所に移すことをあらわす。[6]『叙情的民謡集』がコペルニクス的転換に似た移動をあらわしているということの、主たる意味はここにある。

のちに長編の哲学詩『逍遙編』Excursion の第九巻で、ワーズワスは彼の「環境的な心」environmental mind のもっと発展したイメージをわれわれに提示する。そのような心の存在は、たんに環境について考えること以上の何かを意味する。ワーズワスは書く、

存在するものは何でも、それじたいを越えて広がり、
単純によいものであれ、悪の混ざったものであれ、
善を分かちあう特性をもっている
また隔絶されたところや、断絶、
孤独を知らない精神 Spirit をもっている
それは、つぎつぎとつなぎ目を辿って循環する、あらゆる世界の魂である。
これが宇宙・万有の自由である
もっと展開され、目に見えるようになればなるほど、
われわれにはますますよくそれがわかるのである。そして、それにもかかわらず、
その〔宇宙・万有の自由の〕最もあきらかな家であるはずの人間の心のなかでは、
〔宇宙・万有の自由が〕最も崇められず、重んぜられることがない

「人間の心」はこの大きな存在の網の目における中心の結節点（あるいは「家」、一〇行目）であるのにたいして、「存在」はつねに、自己自身を越えて広がってゆく。「私が考える。それゆえ、あなたが存在する（あるいは彼、彼女、それが存在する）」。ワーズワスにとっては、今日のエコロジストや記号論者にとってと同様、ひとつの事物、ひとりの人、ひとつの観念は、いつでも、それ自身であることにくわえて、それとは別の或るもの、それを補足する或るものでもある。それゆえ、環境科学者のギャレット・ハーディンが一九七三年に書いたとおり、「われわれはけっしてたんにひとつのことをすることはできない(7)」。「鎖のつなぎ目をつぎつぎに」（六行目）辿って循環してゆく「精神」（五行目）は、食物連鎖のつなぎ目をつうじたエネルギー・フローではなく、意義（ないし意味）の食物連鎖に沿ったスピリチュアルな再循環を表現している。それゆえ、ワーズワスはここで、現代のエコロジカルなプロセスに対応する、心的プロセスの正確な等価物を提出している。実際、彼はわれわれに、エコロジーの科学に先だって、エコロジーの心理学ないしは経験を提出している。

今日われわれは、女性、少数者の集団、そして子供たちが、環境汚染やその他の環境の質の低下から、他の人びとと比較して不釣り合いに多くの被害をこうむっていることを知っている。かくして、『叙情的民謡集』における詩篇は、知あるいは存在は「環境的な」様式で出現してくるという考えについてだけでなく、女性の浮浪者、農村を追い立てられた人びと、気の狂った女性たち、寒さや飢えに苦しむ人びと、そして「白痴の少年」についてさえも、つまり、追い立てられ、ものを言えない人びとについても語っている。したがって、『叙情的民謡集』によって具体的に目に見えるように示されているもうひとつの重要な洞察は、環境問題と社会問題とは分かちがたく結びついているということであり、こうして、ワーズワスは「人間は人間をこれまでどのように扱ってきたのか」と嘆く、さらなる理由をもっているのである。

ワーズワスは一七九九年に湖水地方のグラスミーアに、ドロシーと一緒に住んだ。こうして彼はこの地域に戻って永住することにした。そしてメアリー・ハチソンと結婚した（一八〇二年）。ワーズワスは、一八四三年に〔王室付きの〕桂冠詩人になった。彼の住んだ場所と、彼が湖水地方でつくり出した文学上の風景は、旅行者にとって大きな魅力となった——その人とその場所は、今では切り離せないものと考えられている。

ワーズワスの詩の中心をなすドラマは、能動的な「自己」と能動的な「自然」とのあいだの相互的な関係、ワーズワスが『序曲』（一八〇五、一八五〇）のなかで「交換」と呼ぶ関係による、大文字の「存在」の協働的な創出である。

感動はまさに自然からやってくる、
そして静かな気分も同じように自然の贈り物だ

＊＊＊

こうして天才は、平和と興奮状態の交換によって
成功するように生まれつき、自然のなかに
彼の最上の、そして最も純粋な友を見いだす

こうして、自然はたんなる死んだ物質ではなく、「存在するもの being」であり、われわれの「最上の、そして最も純粋な友」である、そして他の詩では、「力」、「現前」、そして「霊／精神」spiritである。「触《ふ》れよ——というのは森林には霊／精神が存在するから」とワーズワスは「木の実拾い」のなかで書いている。

古代の汎神論者は、霊／精神は特定の対象を自分の個体的身体として具現化すると考えたが、「木の実拾い」やその他の箇所でワーズワスはこの考えを受け入れ、そして、その個体性を対象それじたいから、人間の主観がその対象にたいして、（潜在的に可能な）個体性を有する存在としてかかわる個体的応答へと移しかえる。したがって、ワーズワスの大きな功績は、時代おくれになった汎神論的な（観客と見せ物の）存在論を、現代的な（参与者と観察者の）存在論に転換したことである。霊／精神は、木々自身のなかにではなく、自然と人間存在のあいだの、たがいに構成しあう関係性のなかに、住みつく。これは啓蒙主義的感性にもいくぶん共感を見いだすが、二〇世紀の現象学、経験の哲学を先どりする見方である。

「木の実拾い」では、ハシバミの影ができる片隅の場所を少年が「乱暴なやり方で処置」した結果、

これらの木々は「我慢して、自分たちの静かな生活をあきらめる」。だが、少年が言う。「手足を切られたその木の下の場所から戻るまえに」、「その沈黙したままの木々を見たときに、ぼくは痛みの感覚を感じた」。ワーズワスにとっては、現代の現象学者ドゥルー・リーダーが言うように、「普遍的なもの、あるいは〝スピリチュアルな〟ものは、肉と血〔現実性〕に対立する何かだと考える必要はない。身体それ自身が生命における霊／精神の存在を、つまり超越、神秘、そして相互の結びつきを明白に示している。(8)」「木の実拾い」の少年の身体はこのことを明示している。彼の「痛み」が、彼自身のものでありながら以前には「非現前」であった身体へと、彼の注意を向けさせる。われわれが傷ついていないときには、われわれの身体はしばしばわれわれの知覚の背景にとどまっている。(のちにアルド・レオポルドが論証しているように、実際には、自然界の身体が傷つき「負傷」しても、多くの人にとっては、かれらの知覚の閾値以下にあるのだが。) 少年の自分自身の身体(彼の自己の背景のなかから出現してきた) についての新たな知覚は、木々の身体(自然の背景のなかから出現してきた) についての知覚と併行している。これらの木々は、かつては、たんにロマンチックな「片隅の場所」あるいは「木の下の場所」でしかなかったのだが、いまや個体性をもった存在になっている。ひとつの身体(その少年の内側の身体)が、他の身体(外側の木々である身体) を「誘発する」。そして、またその逆のことが起こる。さらに重要なことは、少年の内側の身体、彼の痛みがそこから発するかれの内臓《はらわた》は、外部の自然界たる「身体」、「ハシバミの影のできる片隅の場所」の生命力と同様に、彼にとって神秘的であり、彼自身のコントロールがおよばない、ということである。[9] ここにおけるワーズワスの大きな功績は、二つの知覚（二つの身体、二つの神秘）が、少年にとってひとつになるということを示したことである。こうして少年自身がその詩に結論を与える。もし自然が触れられることを感じる「身体」をもっているならば、「そのときには、最愛の乙女よ、この影と一緒に動け、優しい心で。やさしい手でもって、触れよ」。ワーズワスはわれわれが大地を経験するときに、大地をわれわれの身体にすることを助けてくれる。

知性の歴史の文脈では、ワーズワスは「木の実拾い」その他で、フランスの現象学者、モーリス・メルロー＝ポンティ（一九〇八－六一）が一世紀以上のちに集大成したことを劇的に述べている。デヴィッド・エイブラハムがわれわれに述べているように、メルロー＝ポンティは（一）従来の哲学ではまだ記述されたことがないが、見えるものと見えないものとからなる世界に統一性があるということ、つまり、理解されることを待っているユニークな存在論的構造、存在全体 Being のトポロジーがあるということ、また（二）このまだ理解されていない存在全体がいかなるものであれ、海のなかの魚と同様、われわれはその深みのなかにあり、その一部でしかないということ、そして、それゆえ、それは内部から開かれなければならないということを、感じとった[10]――そして「木の実拾い」の少年にとっては実際、そのとおりであった。外の自然界にたいするワーズワスの詩的かつ人格的（おそらく自己中心的な）態度は、当時、彼の「エゴイスティックな崇高さ」によるものだと呼ばれていた。だが、こうした見方に妨げられてはならない。メルロー＝ポンティにしたがえば、そのような見方はワーズワスの偉大な洞察――環境はユニークな個人とは別のものとは考えられないように、その環境のユニークさ（そして統一性と多様性）は個人のユニークさ（そして統一性と多様性）が併行的に示されることによってのみ、示されうる——を理解しそこねることである。

今日特有の語り方をすれば、働きの主体としての自然にたいする、そして自己と自然のあいだの相互構成的、互恵的関係性にたいするワーズワスの主要な関心は、一九世紀の自然科学者の側での「有機体」と「環境」との相互関係の分析にたいする新たな関心を先どりするものでもあり、またそれに併行するものでもある。たとえば、生態学的な遷移の理論においては、植物は特定の環境に適応するものであるとともに、最終的には、皮肉なことだが、この環境を次世代のその植物の競争相手にとってより好都合なものにするというやりかたで、その環境を変えるものでもある。生物はたんに受動的な対象ではなく、環境変化の働きの担い手なのだ。また、生態学的遷移においては、終わりにおいてよいものはすべてよい。というのは、遷移のプロセスは絶頂／極相、あるいは、熟しきった自然のコミュニティ——部分的には相互に依存しあっている植物種と動物種と住居（生息地）の多様性において測定される、安定性、保護、質を有する場所（森林ないし野原）——を作りだして終わりを迎えるのだから[11]。エコロジカルな科学（生態学）が作りだされるまえに、エコロジーの心理学を作りだしたワーズワスは、同様に、（『叙情的民謡集』の）「ティンターン・アビー」〔ウェールズ南東部のワイ川のそばにある教会建築の廃墟の名前〕と『序曲』において、若い時期の「喜び勇んでいる動物の動き」から、「より思慮深い成熟した時期の豊かな償い」への、彼の心の成長（あるいは個人的・人格的な遷移 personal succession）について書いている。そこでは、人間本性 human nature が自然の生命の一部（そこから離れていない）と見なされるとともに、「人間性 humanity の静かなもの悲しい音楽」が、人間本性にたいするワーズワスの新たな愛のイメージになる。

また、「存在」を超える「生成」（遷移）の心理学かつ生物学を描写しつつ、ワーズワスは「終わり end を褒めたたえよ！　もったいなくも自然〔神〕が」彼の心の発展において「もちいてくださった諸手段に感謝せよ」と書く。ワーズワス的な、あるいはロマンティックなエコロジーの伝統を受け継ぐアメリカの詩人、セオドーア・レースク（一九〇八－六三）は一冊の詩集（一九五一）のタイトルとして、またそのなかのエポニム〔ものの名称の起源である人物に関する〕詩のタイトルとして、ワーズワスの「終わりを褒めたたえよ！」をもちいた（感嘆符が要点でありすべてである）。この詩集は、ダーウィン的伝統の範囲内で、ワーズワスの心のエコロジー（ひとつの段階からつぎの段階へと、詩人の心が、部分的に、能動的な自然との相互的関係をつうじて、成長ないし遷移することにたいする彼の関心）に含意されていたものを展開している。というのは、「終わり！」はレースクとダーウィンにとっては、進化がゴールに向かっているということであるから（かならずしもゴールが意図的にめざされているのではないが）。したがって、ワーズワス派のレースクにとっては、（ワーズワスにとってそうであったように）われわれは青年期から、われわれ自身の成熟した自己の極相へと、たんに遷移していくだけではない。われわれは、われわれの個体としての生命とは、われわれ自身であるところの世界が青年期の極相を反復することだと見るのである。ワーズワスがこの能動的に働く「自然」とその目標指向性について書いているように、「自然」は「私の心と魂を看護し、案内し、守ってくれる者」である（「ティンターン・アビー」）。また、ワーズワスの〔詩における〕一人の人間としてのたえざる再創造と「生成」の強調は、種のレベルにおける連続的創造についてのラマルクとダーウィンのモデルと併行しており、したがってそれらを予言している。

ワーズワスは心のエコロジーへの歩みのなかで、一人の人間としての極相ないし成熟を描くだけではない。彼はまたコミュニティの極相、成熟した諸精神のコミュニティを描く。彼の田園詩『マイケル』と『湖水地方の案内』（一八三五年、第五版）において、ワーズワスはグラスミーアの流域とそこの人びとの自然の歴史〔博物誌〕と文化の歴史を記述している。ワーズワスは、彼が「完全な平等、牧羊者と農業者たちのコミュニティ」と呼ぶところの、自然と人間が相互に依存しあう、「湖水地方」の成熟したコミュニティを、一種の国民的な財産として保存したいと考えた。（ワーズワスも『案内』のなかで詳しく述べている）諸世代の長い継承（遷移）の産物であるこのコミュニティは、その社会組織のなかに、年月を経て成熟したもの、つまり、エコロジカルな組織の諸相である、安定性、保護、そして質からなる極相の諸価値を反映している。今日の政治的エコロジーの緊張関係に関するある種の認識の枠組みにおいては、コロジカルな価値観、環境保全志向の価値観は、保守的でエリート主義的と見えるかもしれない。たとえば、ティム・フルフォードは最近つぎのように問うている、「重要なところで農村的トーリー主義を含むワーズワスから、エコロジカルな意識の重要性について、何か学ぶべき政治的教訓があるのだろうか」[12]。フルフォードは、『案内』と「モーニングポスト」紙の編集者にあてた二通の手紙のなかにあらわれている、休暇を過ごしにやってくる工業労働者たちとそれに続いて起こるだろう確実な商業化から、湖水地方を保護（そして保存）したいというワーズワスの願望にも言及している。この願望はジョナサン・ベイトが論じているように、英国のナショナル・トラストおよび国立公園制度の重要な先どりと見ることもできるし[13]、また、今日、上（中）流階級の環境主義者にしばしば向けられる非難である、わがままなエリート主義と見ることもできる。もっとおおっぴらに言えば、一九世紀におけるワーズワスの自然の政治学は、二〇世紀にとって、（語源的には実際に根がある）政治的な「保守主義」と環境「保全」は、どの程度イデオロギー的に結びついているのか、あるいは結びついているべきなのかという、重要な問題をつきつけている。

ワーズワスは最近になって、自然詩人から「エコロジストの原型」へと「格上げされ」た[14]。しかしながら、『案内』においてワーズワスは、エコロジストの原型であるよりもエコロジストであるように見える。ワーズワスは、「先だつ植物たちによって」適応させられる「植物」について語り、また、「自分の近くのものによって課せられたある種の法則にしたがうよう強制される」、「樹木」について語っている。これはエコロジカルな遷移——そこでは、環境だけでなく、生物それ自身が、変化を引きおこすものとして行動するとともに、その働きに自分で制限を加える——の理論的な次元の驚くべき先どりである。結論的に言うと、ワーズワスは心／精神のエコロジーの詩人である。なぜなら、彼はほんとうのエコロジーをも理解していたからである。

注

(1) 'Tintern Abbey', lines 122-3.

(2) See Michael Polanyi's 'From-to' structure as described in Drew Leder, *The Absent Body*, Chicago, IL: University of Chicago Press, pp. 15-17, 1990.

(3) Donald Worster, *Nature's Economy: A History of Ecological Ideas*, 2nd edn, Cambridge: Cambridge University Press, p. 58, 1994.〔中山茂・成定薫・吉田忠訳『ネイチャーズ・エコノミー――エコロジー思想史』リブロポート、一九八九年、八四頁〕

(4) たとえば以下を見よ。Jerome McGann, 'The Anachronism of George Crabbe', in *The Beauty of Inflections*, Oxford: Oxford University Press, pp. 310-11, 1985.

(5) Charles S. Peirce, 'Some Consequences of Four Incapacities', in *The Essential Peirce*, Indianapolis, IN: Indiana University Press, p. 54, 1992.

(6) エリザベス・フレイもまた、ワーズワスが人と国家の政治学におけるエコロジー（および自然一般）の役割に関する現代の議論の中心的位置を占めるという見方を援用しつつ、ワーズワスの詩はそれらが自然にあるいは純粋に記述的に見えるように書かれている、と論じている。今日、人と政府とそしてその中間にあるすべてのものについて、何が「自然的」であり、何がそうでないかに関して、大きな関心が存在する。*Becoming Wordsworthian*, Amherst, MA: University of Massachusetts Press, 1995.を見よ。

(7) Garett Hardin, *Exploring New Ethics for Survival*, London: Pelican, p. 38, 1973.

(8) Leder, op. cit., p. 68.

(9) ここで私はワーズワスに、ドゥルー・リーダーのもうひとつの現象学的な洞察を適用している。

(10) David Abram,'Merleau-Ponty and the Voice of the Earth', in *Minding Nature*, Guilford: The Guilford Press, pp.

98-9, 1996.

(11) Eugene Odum, in 'The Strategy of Ecosystem Development', *Science*, pp. 164, 262-70, 1969, これら三つの用語によって、エコシステムの生長は特徴づけられる。

(12) Tim Fulford, 'Wordsworth's "Yew-Trees": Politics, Ecology, and Imagination', *Romanticism*, 1(2), p. 273.

(13) Jonathan Bate, *Romantic Ecology*, London: Routledge, pp. 10, 47ff, 1991.

(14) Peter Coates, *Nature: Western Attitudes Since Ancient Times*, Berkeley, CA: University of California Press, p. 134, 1998.

〔ワーズワスの詩および英国の地名について、英文学研究者佐復秀樹氏の教示を受けた。〕

→クレア、ダーウィン、レオポルドも見よ。

■ワーズワスの主要著作

山内久明編訳『ワーズワス詩集』〈岩波文庫〉、岩波書店、一九九八年。

田中宏訳『逍遥』成美堂、一九八九年。

宮下忠二訳『抒情歌謡集（リリカル・バラッズ）』大修館書店、一九八四年。

田部重治選訳『ワーズワース詩集』〈岩波文庫〉、岩波書店、一九六六年。

ジョン・クレア John Clare 1793-1864

畑・野原が歌の実体だった(1)

ジョン・クレア、自己流の「ノースハンプトンシャーの農民詩人」は、さまざまな意味で「畑・野原 fields」の詩人であった。彼自身、畑で働き、農業労働者の生活を書き、無類の畑・野原の博物学者であり自然愛好家であった。彼は古い、持続可能な開放耕区制農業が失われていく時代に生き、その喪失を悲しんだ。畑・野原の生態系を〔詩によって〕ほめ称え、畑・野原をたんに農業生産のための場所と考えるのではなく、相互に依存しあった動植物の生息地（住居）と考えた。そして彼は、ワーズワスと同様の偉大な詩人であったが、彼は、もっとずっとはっきりとした生態学的なやりかたで、現象学的生態学と呼びうるもの、つまり経験される田畑・野原の研究を行なった。すなわち、現象学的生態学とは、「空間」内に分布した資源（使用価値との関係における植物、動物、そして鉱物）の研究ではなく、種別化された「場所」との関係において考察される「生きられた」関係性（すなわち経験）の研究である。

生態学とは、その古典的な定義によれば、生物とその環境とのあいだの関係についての研究である。彼の詩「趣味の陰影」が書かれたのはエコロジーの科学〔つまり生態学〕が体系化されるまえであり、それどころか「エコロジー」という語がつくり出されるまえですらあったが、彼はこの定義を先どりしつつ、より広い経験の次元をそれに与える、押韻二行詩を書いた。クレアは書いている、「それぞれの対象は甘美な連合を生み／そして〔それを〕空想から補給される立派な観念で育て上げる」。このことが言おうとしているのは、生命・生物のエコロジカルな網状の連関（事物あるいは対象の間に生まれる「連合」ないし「関係」）は、存在の現象学的な網状の連関から切り離すことができないということである。（「空想」の知覚と思考の働きから「立派な観念」が補給される。そして「空想」自身は食物連鎖あるいは意義の網状の連関のなかにある自然界の対象によって生みだされる連合を糧としている。）したがって、クレアにとっては、あらゆる思考のあらゆる対象は、たんなる利用という意義を越えた意義によって満たされている（くり返し満たされる）。すべての対象は〔それじたいとしての〕存在を有する。対象はそれ自身、主体的である。さらに同じ詩のなかでクレアが書いているように、「事物を創る神の選択の知恵において花々は／恵みによって感情と沈黙の声を与えられていると思われる」。そうした自然界の対象は「感情」と「声」をもっているがゆえに、主体である。主体的な存在として、生態学の対象である「鳥や花や虫は」「すべて、それぞれに独特な仕方で、喜びを求めて選択をおこなう」。かれらの選択の能力のなかに、かれらの能動的な働きも存在している。さらに、生物学的な主体‐対象は、ニュートン物理学における対象の受動的な規則性とは違い、「特異的」である。つまりそれらは個体的である。

アルバート・アインシュタインの、時空連続体についての普遍的な場の理論の探究と対比して、ジョン・クレアの場所‐時間の連続体と存在の網状の連関構造についてのエコロジカルな場の理論は、（普遍的であるよりも）局所的 local で状況的である。そして（抽象的であるより）具体的であり、規則的であるより特異的である。クレアの時代にはたんに偏狭だと考えられたが、そうした「状況的」で「具体的」なものの見方は、いまではダナ・ハラウェイのような重要な現代の科学史家で科学哲学者の著作において、主要な役割を果たしている。ハラウェイは、「相対主義」（ここにもアインシュタインのこだまがある）を「場所的決定」によって取りかえ、「世界体系理論」を「局所的な知識」に、「基本理論」を「網状の説明」で置きかえようとしている。(2)

クレアの詩（とそれらが具体化している「網状の説明」と「局所的知識」）は、現象学（経験の「エコロジー」）の結論として引きだされる、以下の問いにたいする明示的な応答を表している。われわれは個別の草の葉を知覚することはできるが、しかし、われわれは（たんに感覚をもちいるだけで）場を知覚することはできるのか。もしわれわれが「場」によって事物の寄せ集めを意味するのでなく、おたがいに持続可能な自律・自治 self-regulation のプロセスのなかに含まれている一連の関係、生きたコミュニティを意味するのだとしたら、答えはノーである。「関係」は感覚により捉えられる現象ではないからである。だが、文化の媒介によって（場／畑・野原 field のような）エコロジカルなコミュニティは経験することができる（直接的には感覚されないが）。とはいえ、すべての文化が「持続可能な」（あるいはエコロジカルな）経験の様式を与えるのではない。それゆえ、そうした持続可能な文化の歌や物語とはいったいどのようなものか。どんな視覚的イメージが他のものよりも持続可能であるのか。歌、物語、画像は、人間と人間以外のものからなる自律的で持続可能なコミュニティにとって必要なフィードバックを与えるための、どのような機能を有するか。これらが、今日の読者がクレアの詩と散文に問うことが有益な、状況づけられた（局所的な）あるいは具体的な（エコロジカルな）問いである。

クレアが彼の詩のなかで擁護している、地方のさまざまな場所の社会‐経済的な状態と同様、イギリス文学の分野におけるクレアの場所は最近まで、周辺的であった。しかしながら、今日では、クレアは「イギリスの二流の自然誌家・自然愛好家のなかで最もすばらしい詩人であるとともに、すべてのイギリスの主要な詩人のなかで最もすぐれた自然誌家・自然愛好家であ」り、(3)「英語を話す世界における最初の真にエコロジカルな作家」であると考えられている。(4)

エコロジストのポール・シアーズは、エコロジーは「反体制的な科目」であると書いている。(5) クレアにとっては、自然誌は反体制的でありえたが、その理由は、それがたんに環境破壊を測定する基準として役立つ健全な自然のコミュニティを記述することができたというだけではなく、それまであきらかではなかった環境と人間の関係が切り離しえないものであることを、はっきり示すのに役立ちえたからである。ジェームズ・マクーシックが書いているように「生態系の破壊と社会の不正との複雑な関係にたいする洞察の程度において、クレアに先だつものは事実上いない」。(6) 実際、「回想」という詩から取られた、つぎの二行の詩を考察してみよう。この詩句は、クレアの「エコロジカルな」議論が（「エコロジカルな」というのは、それが〔推論の〕前提と〔命題でもちいられる〕項とのあいだに、以前の論理が見逃していた相互依存を見ているからである）、一九世紀においては別々の領域、すなわち、自然誌（生態学）、宗教、農業政策、そして大陸の歴史と帝国主義に属すると考えられていた諸カテゴリーのあいだに、関係があることを示すことによって、従来の区別を破壊する様《さま》を具体的に示しているからである。クレアは彼がかつて知っていた、そして愛していた場所、「古い樫の大木のある細い田舎道」の破壊を嘆き悲しむ。

……説教壇のようになかにうろのある、その木々を私は二度と見ることがないだろう
エンクロージャーはボナパルト家の奴と同様、何ひとつ残しておかなかった。

クレアの言う「なかにうろのある木」は今日では「空洞ができた木」と呼ばれるが、それは数種類の生物にとって住居として役立つ。森林管理官は今日、エーカー当たりのうろのある木の数を、その森林地の健康状態を示す指標としてもちいる。うろのある木のそのような指標的な機能を先どりしつつ、ジョン・クレアはエコロジカルな語と同時に宗教的な語をもちいて、うろのある木を説教壇になぞらえる。つまり、それらの木はわれわれの精神的・宗教的な健康状態とエコロジカルな健康状態の両方を明示する（あるいは説教者が説教壇からそうするだろうように、指し示す）場所だということを意味している。しかしクレアは、それらの木は、議会のエンクロージャー政策によ

って、すなわち、古い開放耕地を私有化し（囲い込む、つまり塀を作り排除する）、そして、農業生産の方法を工業化する社会経済的プロセスによって、脅かされていると言う。重要なのはクレアが議会の決めたエンクロージャーについての、彼のローカルな経験を、ナポレオン・ボナパルトの帝国主義的政策にたとえていることである。実際、クレアは、植民地主義的ないし帝国主義的政治（ナポレオンにより象徴される）と、植民地主義的ないし帝国主義的生物学（議会によるエンクロージャーが「樫の大木のある細い田舎道」の「うろのある木々」におよぼす影響により象徴される）とのあいだの相互依存関係を認識した最初の一人である。またクレアはここで、ローカルな過程とグローバルな（あるいは少なくとも大陸規模の）過程とのあいだの相互依存を認識している。ヨーロッパにおけるナポレオンによる大陸規模の生命の破壊は、（クレアの故郷の村ヘルプストーンとその周辺における）ローカルな、生態学的な生息地 habitats と、その地域の社会的な習慣 habits（共通の慣習――「共通の common」は、関係性として、また場所として、つまり共有地 commons ないし開放耕地として、理解すること）、その両方の破壊と関係がある。植物と動物は生物学的帝国主義によって、たんに〔資源としての〕必需品に還元される一方、（キュー・ガーデンズ〔ロンドン西郊外のキューにある王立植物園〕や王の庭*におけるように）国家統合の象徴に高められる。

　ティム・フルフォードはクレアの詩「倒れたニレの木」が、ローカルな風景への個人的 personal な応答から政治的な抗議へと叙述を展開している点において、ユニークだと指摘している。[7] 誕生日からすればクレアは英国のロマン派文学の時代に属するが、多くの点から見てロマン派の一員ではない。とはいえ、われわれは、この詩やその他の箇所で、彼が個人的な経験（英国ロマン派にとって存在と知識の基盤である）を、政治的な抗議の基礎としてもちいていることに、エコロジカルな政治〔政治的環境主義〕におけるロマン派的スタイルの起源を見いだす。たとえば、クレアは、「個人individual」の崇高さというロマン派的な観念（資本主義の望ましくない側面とともに出現したものであり、それに不可欠なものだと、ある人びとにより批判された観念）をもちい、生物のコミュニティもまた個体的 individual だということを、読者に知らせるのにそれを利用した。「ソーディ・ウェルの嘆き」のような詩においては、クレアは「ソーディ・ウェル」（かつて複雑な生物コミュニティであったがそのエコロジカルな資本をほとんど使いきってしまった〔泉〕）に、個体として一人で話をさせている。「ソーディ・ウェル」に声と顔を与えるときに、クレアは、少なくとも芸術的観点からは、その生物コミュニティに、クレアの時代においては（そしてわれわれ自身の時代においてさえ）人間個体にのみ適切と考えられた道徳的な地位を与えることに成功している。ジェームズ・マクーシックが書いているように、「クレアは、地球・大地自身に、環境上の不安の原因を除去するよう求める法的権利を与えることを提案した最初の一人であることはたしかだ」[8]。そして一五〇年ほどのちの一九七二年になってはじめて、法学教授のクリストファー・D・ストーンが、自然的対象に権利を認めるための法的な筋道を考えたのである[9]。

　クレアはまた、「貧困」をたんに経済的なカテゴリーまたは状態としてでなく、環境上のカテゴリーまたは状態として提示した。ロバート・ポーグ・ハリソンは、「ソーディ・ウェルの嘆き」の最後の節は〔今日的な考え方の〕「予告になっている」と書いている。「というのは、それは貧困の状態を全体としての自然へとひろげ、ほとんどいっさいを含めるにいたっているからだ」。クレアにとって貧困は、「攻撃と収奪を行なう諸勢力にたいして無防備な状態を意味した。貧困は欠乏を意味したのではない。少なくとも本来的にそれを意味したのではない(10)」。したがってクレアは、自然の傷つきやすさ・弱さを、〔自然神学的な世界観が安定しており、たとえば、〔種の〕絶滅などということは絶対に起こりえないことと信じられていた時代に〕自然なこと、現実的に起こりうることと考えた。彼はまた今日、自発的に簡素な生活を追求する運動と呼ばれているもの、あるいは、欠乏としてではなく、持続可能な、土地との個人的な同盟・連携としての貧困という思想の、哲学的な基礎を先どりしている。

ジョン・クレアは、一七九三年、英国のノースハンプトンシャー、ヘルプストーンの村に生まれた。彼はほとんど独学で勉強をし、そして、彼の心身の健康が低下し、働くことが不可能になるまで、ほぼ二五年間、牛馬を使う農耕労働者として、園丁として、宿屋の手伝いとして、また石灰を焼く労働者として、働いた。彼は地方の国民軍の予備兵も務めた。「彼が十三歳のときに」とR・K・R・ソーントンは書いている、「〔クレア〕はトムソンの『季節』を見つけて、詩人になる道を歩みはじめた。というのは、この詩集が彼に最初の詩を書く気にさせたからである」。「彼は詩を書きためていった。そしてその地方の本屋と知りあい、キーツの詩集の発行者であるジョン・テイラーから、自分の詩の本を出してもらうことに成功した(11)」。この最初の本は四版までいき、ある評論家が書いているように「かなりの、だが、慇懃無礼な評価」を受けた。しかし、彼の最後の三冊はほとんど注目されなかった。実際のところ、

クレアは最初から二重に不運であった――彼は鉄道が地域間の境界と地域的意識を壊しつつあった時期に、一地方と結びついていたがゆえに不運であった。また、国民の想像力が産業の無限の進歩という観念に囚われた時期に彼は農民であったがゆえに、不運であった……クレアは田舎に忠実であっただけではなく、彼はその一部・分身であったのだ……。(12)

今日、アカデミックな文化のなかで、われわれはたえず、クレアの（無関心に「～から離れて」いるのではなく）あるひとつの場所「の一部で」あることの「重大な欠点」がおよぼす影響を、意識させられている。たんなる地域的詩人は、普遍的な（しかし、どこの場所のものでもない）訴えを有する詩人とくらべて、相対的に小さな価値しかもたない。地域的な regional 会議（けっして、ローカルであってはならない）で研究報告を行なうことは、研究者・学者としての昇進にはほとんど役立たない。実際われわれは、アカデミックな文化の、ローカルなものにたいする忌避のなかに、（たとえ、ポストモダニズムが言うところの文化と自然のあいだの「救いがたいギャップ」があるにしても）「田舎者で粗野な」クレアを、（高尚な文化においては場ちがいな）「彼にふさわしい」場所に押しとどめた、もともとは階級的差別意識にもとづく慇懃無礼なやりかたが、いまも後生大事

につづけられているのを見いだす。皮肉にも、エンクロージャーと科学的な農業が、彼からその場所を奪うのに貢献したというのに。したがって、今日、クレアを十分に読むということは、ローカルなものとグローバルなもの、そして文化と自然を和解させる美的で倫理的なものをとり戻そうと努力することである。

クレアの父は脱穀業者であり、書物は少ししか読んでいなかったが、消滅しつつあった口承の伝統民謡（そして仕事）、民話（そして畑・野原）についての知識は際だっていた。彼の母は、カスターの町の牧師の娘で、口承の民衆文化の伝統の、クレアにとってのもうひとつの源泉であった。この伝統は、長期にわたって維持された、中世イングランドの共有地または開放耕地農業制度の不可欠な一部であった。クレアは「私はいま、私の母親が語ってくれた、そして彼女が、たぶんこの近くの場所でだけ知られている地方伝説だと呼んだ「古い物語」のいくつかを、詩にしている」と書いている[13]。ここでは、クレアが、エコロジカルな語、文学的な語、そして歴史的な語を同時にもちいて、「地方伝説」の（エコロジカルな）居住地について、つまり、種がその環境から切り離すことができないのと同様、その「場所」から切り離せないものとしての物語について、話していることが重要である。実際、クレアが経験しなければならなかった、彼の属する民衆文化の伝統の文化的多様性が失われていくことのなかに、生物学的伝統の多様性が失われることにたいする、彼の独自な反応の情緒的な深さの起源がある。

ジョージ・ディーコンが書いているように、クレアは「南イングランドで実際に歌われていた歌を最も早い時期に集めた人」であった[14]。さらに、クレア自身が書いたバラッド〔素朴な用語と短い節で書かれた民間伝承の物語詩〕は、口承されたすばらしい伝統を後世に伝えたいというだけでなく、彼の想像のおよばぬ不確かな未来のコミュニティでしかないものに、それを適合させたいという願いをも、彼がもっていたことの証拠である。したがって、クレアを今日読むことから生まれるもうひとつの重要な問いはつぎのようなものである。クレアがその時代にできなかったとして、現代のクレアの読者は、クレアが暮らした田園ノースハンプトンシャーの（農業）文化伝統の民謡と儀礼にかつて体現されていた、エコロジカルな倫理と美学を回復しふたたび生みだすことができるのか。たとえギャレット・ハーディンの、非常に影響力の強い「共有地の悲劇」のような現代の科学的「物語」が、そのような伝統を削除あるいは消去しつつあるとしても[15]。

ハーディンは、湖、入江、牧草地、あるいは海や大気でもよいが、なんらかのエコシステムにたいする彼のメタファーである共有地commonsが、共同であるいは規制なしで使用されると、人間行動の実質的な法則のゆえに、悲惨な生態学的崩壊の危機に直面することになると論ずる。牧草の生えた共有地を何家族かの牛飼いが利用することを考えてみよう。各牛飼いは、自分が飼う牛をもう一頭その共有地に加えることは、それが可能ならば自分の経済的利益になると、普通は考えるだろう。短期的には、共有地の劣化はたいしたことはないだろうし、この一般的な、だが、あまりひどくない劣化――それ自身は、牛飼いたちが独立に行なう決定が組み合わされた結果生じる劣化である――から生じる利益の損失は、全員によって分担される（それゆえ、薄められたかたちで、経験される)。しかしながら、牛をもう一頭加えることを決めたそれぞれの牛飼いは、その牛から上がる経済的な利得をすべて一人で手に入れるだろう。もちろん、ハーディンのモデルにしたがえば、中、長期的には、共有地の生態学的、経済学的な生育能力は崩壊するだろう。したがってここにひそかに進行するハーディンの共有地の悲劇がある。しかしながら、ハーディンの原子論的な見方は自己利益の作用だけを仮定する。つまり、共有地の状態を評価し、この評価にもとづいて行動を行なうための、コミュニティのフィードバック・メカニズムは存在しないと仮定されている。ハーディンにとって、牛たちは草を食む《フィード》。しかし牛飼いたちはフィードバックしない。クレアの詩は、しかしながら、牛飼いたちの声（エコロジカルなフィードバック・メカニズム）であり——そして議会のエンクロージャー政策が妨害し、ハーディンにはけっして聞こえなかった、他の労働者たちの声である。

詩「野性の雄牛」で、クレアはこうはじめる——

共有地ではさまざまに困窮した、
馬や牛たちが共有地にたいする平等な権利を求めるが
彼らは自由に、悪意あるやりかたを身につけて
むこうで鳥の巣を探す少年たちを追い払う
そして学童たちは虚しくも巣を探して道をそれる

――そのとき素早く険悪な風に乗せて
あの騒々しい雄牛が恐怖を戸口から解き放ち
キバナノクリンザクラ［サクラソウの一種］の咲いた湿地から侵入者を追い払う**

このように、ここには、共有地を保存する価値のある場所とする「物語」がある。クレアは、共有地を住処とする鳥たちの巣を侵入者がダメにしないように守る、自律的なものとしての共有地の相互依存的コミュニティを記述している。したがってここでのクレアの戦略は、自律という生物学的原理を自己充足という政治的原理に転換する。この政治的原理はそれじたい、「馬や牛たちが」、「共有地にたいする平等な権利」（二行目）と「自由」（三行目）を求めて行なう「要求」に反映されている。したがって、共有地は自由の場所である。

だがここには、われわれがクレアの「倒れたニレの木」に見るように、強烈な政治的皮肉がある。この詩でクレアは、自分の気に入っていた木のうちの一本がエンクロージャーの新経済の不可欠な一部として切り倒されたことについて書くとき、環境問題に関する論争家としての、彼の洗練された姿を示す。その木の思い出に訴えかけながら、クレアは書く。

自己利益はおまえが自由の邪魔をするのを見た
だからおまえの古い影は専制君主であるにちがいないのだ

エンクロージャーの帝国主義的まなざしのもとでは、皮肉にも、自由な企業という名のもとに行なわれる風景の略奪を正当化するために、すべての風景（そのなかの木々でさえも）そのものが暴君的に見えるようにさせられるという事実にたいする洞察を、クレアはこの詩で示している。しかし、「野生の雄牛」のなかでクレアが示しているように、土地はいつでもすでに自由な企業である。したがって、ロバート・ポーグ・ハリソンが書いているように、「「自由」freedom の叫び声のまわりに人びとが集まってきた時代には、そして、自由が解放 liberation と……つまり〜からの自由と考えられた、そのような時代には、クレアは自由を他の場所に――それ自身の権利において、すでに実際に存在しているもののなかに――位置づけた[16]」。

ジョン・クレアはさらに少なくとも二つの点で、環境思想の歴史において重要である。彼の自然誌的な詩は、二〇世紀の生態学者、ユージン・オダムが、年数を経て成熟した生態学的コミュニティの価値として記述するもの、つまり、生産・変化・量よりも保護・安定性・そして質を優先して最適化する、そうしたコミュニティの傾向性を、鮮明に描いている[17]。たとえば、以下の、クレアの「コマドリの巣」からとった数節を考察してみよう。

一本一本の古木は

地衣類で覆われ――長い年月を経た古い家系のもので

〔下級生に〕教え、幸福にするお目付役〔の上級生〕monitor となる

＊＊＊

長いこと放っておかれたものが保護者として役立ち、友人のように助けてくれる
鳥たちの安全な野生をそなえた住居——そこでは誰も
傷つけるために手を貸すことはしない。

われわれは、クレアの「安全な野生」、「古い」そして「長い年月を経た古い家系」という語の使用に、オダムの言う「保護」（「安全な野生」）、「安定性」（「古い」）、そして「質」（「家系」）といった、長い年月を経て成熟した価値を見る。

クレアの自然誌的な詩はまた、今日のわれわれがポストモダンの関係と呼ぶかもしれないような、自然のシステムの作用を鮮明に示している。これらのシステムは皮肉な仕方で働くものなのである。クレアにとってもろもろの自然のシステムは、科学の閉鎖構造にたいする、あるいは制度化された思考のいっさいの形態にたいする、抵抗の場所である。「趣味の陰影」のなかでクレアは、分類をこととする科学者たちにたいして昆虫たちが行なう抵抗について書いている。これらの昆虫は、「科学者が作った多くの名前の間隙で、名前のないまま成長することさえある」。『羊飼いのカレンダー』の「五月」のなかでクレアは、牧草地に住む腹話術を使う鳥、クイナについて書いている。田舎の

……草のなかでクイナが奇妙な声で鳴く
その羽をもった霊は若者を立ちどまらせ、
その鳴き声にふたたび耳を澄まさせる
そして学童も、やはり無駄であるのに、くり返し探す
その霊の隠れている秘密の場所を

クイナの腹話術の鳴き声は、その正体の延期でありまた移動であって、少年たちがクイナの巣——クイナの環境の源であり、中心である——を探すことを中止させる働きである。同様に、現代のウィルス・ハンターたちは、新たに出現したウィルスの系統を追跡する研究において、非常にしばしば、(臭跡をくらます〔三〕猟獣の戦略により、追跡に失敗させられるように)研究に失敗させられて be foiled きた。そしてクレアが描く、クイナの欺く戦略と併行して、いくつかの種類のウィルスは、「延期」の別なやり方をとって、トロイの木馬のように、われわれの免疫システムにたいして有害な働きをもたない、別の何かとして出現する。(実際、多くの文学のテーマは、ホメロスのトロイの木馬も含め、これまですでにいつでも生物学的であった。)したがって、クレアは、病理学者たちが比較

若者と学童が、いつも鳴き声が聞こえる土地でクイナの居場所をつきとめようとするのだが、この鳥はそこでもその試みに抵抗するのである。

的最近になってはじめて発見したもの——人間以外の生物の世界での、皮肉なやり方をする行為主体——を、エコシステムの平面で先どりしているのである。

注

（1）Clare, 'The Progress of Rhyme', in Eric Robinson, David Powell and P.M.S. Dawson (eds), *Poems of the Middle Period 1822-1837*, vol. III, line 144.

（2）Donna Haraway, 'Situated Knowledges', *Simians, Cyborgs, and Women*, New York: Routledge, p. 194, 1991.

（3）James Fisher, quoted in Margaret Grainger (ed.), 'Introduction', *The Natural History Prose Writings of John Clare*, Oxford : Clarendon Press, 1983.

（4）James McKusick, '"A language that is ever green": The Ecological Vision of John Clare', *University of Toronto Quarterly*, 61, 2 (Winter), pp. 226-49, p. 233, 1991.

（5）Paul Sears, quoted in Donald Worster, *Nature's Economy: A History of Ecological Ideas*, 2nd edn, Cambridge: Cambridge University Press, P.23, 1994. 〔ドナルド・オースター／中山茂・成定薫・吉田忠訳『ネイチャーズ・エコノミー——エコロジー思想史』四四、八四頁〕

（6）McKusick, op. cit., p. 239.

（7）Tim Fulford, 'Cowper, Wordsworth, Clare: The Politics of Trees', *John Clare Society Journal*, 14 (July), p. 47, 1995. A special 'Clare and Ecology' issue.

（8）McKusick, op. cit., p. 241.

（9）Chistopher D. Stone, *Should Trees Have Standing: Toward Legal Rights for Natural Objects*, special rev. edn, New

York: Avon Books, 1975.

(10) Robert Pogue Harrison, *Forests: The Shadow of Civilization*, Chicago, IL: University of Chicago Press, pp. 216, 213, 1992. クレアと自然についての半章を含む。

(11) R.K.R. Thornton (ed.), 'Note on the Author and Editor', *John Clare*, Everyman's Poetry, London: J.M. Dent, p. v, 1997.

(12) Eric Robinson and Geoffrey Summerfield (eds), 'Introduction', *Selected Poems and Prose of John Clare*, Oxford: Oxford University Press, p. xiv, 1978.

(13) Eric Robinson, David Powell and P.M.S. Dawson, 'Introduction', *Cottage Tales*, by John Clare, Manchester: The Mid Northumberland Arts Group, Carcanet Press, p. xii, 1993.

(14) George Deacon, *John Clare and the Folk Tradition*, London: Sinclain Browne, p. 18, 1983.

(15) *Science*, 162, pp. 1243-8, 1968.

(16) Harrison, op. cit., p. 219.

(17) Eugene Odum, 'The Strategy of Ecosystem Development', *Science*, 164, pp. 262-70, p. 265, 1969.

* 一七世紀はじめ、ルイ十三世の侍医によってパリ市内に作られた王室薬草園。のちに発展し珍しい異国の樹木も植えられ、植物学、薬学、博物学を教える学校が設置され、ラマルク、サンティレール、キュビエなど有名な生物学者が研究し、教鞭をとった。革命後は「植物園」と名が変わった。（佐々木時雄、拓二、『動物園の歴史　世界編』西田書店、一九七七年、七一頁以下）

** この詩の読解は困難で、佐復秀樹氏に全部で七十五行ほどある翻訳のないクレアのもとの詩を全部訳してもらうなど、全面的にお世話になった。「等しい入会権」という佐復氏の訳語をハーディンの『共有地の悲劇』の「共有地」に合わせて、「共有地にたいする平等な権利」と変えたほかは、すべて佐復氏の訳を使わせてもらった。読解困難であった原因は、もとの詩が古い英語で書かれているだけでなく、（たぶん、農民出身ということもあって）人称代名詞の使い方、動詞の語尾などが、文法的に不正確であるということがひとつ。さらに、佐復氏の指摘するつぎのような事情も関係したかもしれない。彼によれば、この詩はクレア自身を投影した人物が、子供時代の草原での牛や馬にたいする恐怖の経験を回想している詩である。のちの箇所でたしかに牛や馬が自主管理する共同体としての草原のイメージが感じられるが、この引用されているところだけでは、著者が言うようなイメージをもつのは少し無理かもしれないという。

→ワーズワスも見よ。

■クレアの主要著作

クレアの存命中の著作は以下の四冊。*Poems Descriptive of Rural Life and Scenery* (1820), *The Village Minstrel, and Other Poems* (1821), *The Shepherd's Calender, with Village Stories and Other Poems* (1827) and *The Rural Muse* (1835).『ジョン・クレア全詩集』全9巻のうち8巻までが現在刊行されている。

The Early Poems of John Clare 1804-1822, ed. Eric Robinson, David Powell and Margaret Grainger, 2 vols, Oxford: Clarendon Press, 1989.

John Clare: Poems of the Middle Period 1822-1837, ed. Eric Robinson, David Powell and P.M.S. Dawson, 4 vols, Oxford: Clarendon Press, 1996, 1998.

The Later Poems of John Clare 1837-1864, ed. Eric Robinson, David Powell and Margaret Grainger, 2 vols, Oxford: Clarendon Press, 1984.

クレアの環境的思考の中心課題については *The Natural History Prose Writings of John Clare*, ed. Margaret Grainger, Oxford: Clarendon Press, 1983.

ペーパーバック版としては *John Clare*, ed. R.K.R. Thornton, London: J.M. Dent, 1997, as part of their Everyman's Poetry series.

ラルフ・ウォルドー・エマソン

Ralpf Waldo Emerson　1803–82

ラルフ・ウォルドー・エマソンは、かつて、彼の『日誌』のなかで「人間精神に知られているかぎりの自然の諸法則にしたがうことは正しい」と書いた[1]。そして、これにたいする逆襲として、ジョン・スチュアート・ミルの「自然にしたがうということは、およそ正・不正とは何の関係もない」という言葉を対置することができる[2]。ミルは人間とその業績を強調して、つぎのように言う。「文明、あるいは技術、あるいは発明・工夫をほめ称えることは自然をそれだけ貶めることである」[3]。エマソンは詩人特有の力強い言葉で、異議を唱える、「かれら〔人間たち〕が自慢する芸術作品において、名人芸と言われるものもやはり自然の一部なのだ」[4]。ニューイングランドの超越主義の賢人と経験科学の方法を組み立てた英国の論理学者の二人が、一度会ったことがある。当時の人びとがその時代の対照的な人物を同席させたのだ。

一世紀半後のいま見ると、エマソンは自然との「調和」（というより、自然に「したがうこと」と言うほうがいいかもしれない）というエコロジカルな見方を展開していたが、この自然との調和は、ミルがその初期の見本であるリベラルな「モダニズム（近代主義）」、つまりヒューマニズムと科学・技術が開花するあいだに、大部分失われてしまったのである。いま明白であるように思われるのは、どこにおいても人間は自分たちの惑星・地球との持続可能な関係には近づいていないということであり、そして人間を自然に優越させ、自然を「貶めること」、徹底的な分離が、問題の重要部分であると同じくらい、解決の重要部分となってきたということである。

エマソンは一九世紀のニューイングランドで育った。将来を嘱望されたハーバードの卒業生で、一時、ユニテリアン派の牧師をした。彼は自分の属する支配体制の伝統・慣習を打破しようとする批判者になった。彼がハーバード神学校で行なった演説は物議をかもし、彼はその後三〇年間ふたたび母校に招かれることはなかった。彼は文学評論で、直観的に知られる自然にたいする精神的／宗教的な関係、究極的には、深遠で聖なる世界にみずからの力で住もうとする理想主義を唱え、有名になった。彼は、ボストン郊外のコンコードで、静かな家庭生活を送った。当時のマサチューセッツ州は田舎であったが、コンコードは知的生活の中心地であるボストンに隣接していた。時間の経過とともに、彼の見解の新奇さはいくぶん、社会に合うように修正された。社会もいくぶん、彼の説を受け入れるようになった。ヘンリー・デヴィッド・ソローとともに、エマソンは彼が強く批判していた伝統に属する、立派な天才的精神の持ち主たちの列に加わった。

エマソンは「ロマンティックな人」であった。とはいえ、いまではいくぶん時代おくれになったこの語を正しく理解する必要がある。この語は、恋人に夢中になって言いよろうとしている人物を指しているのではなく、世界観・人生観をめぐる哲学的運動であるロマン主義を指している。ロマン主義は、啓蒙運動による合理主義、客観主義の過度の強調、デカルト的二元論、そして、物質と精神を対置するハードな〔数値による測定、客観性を重視する〕科学にたいする反動であり、世界を搾取・開発する能力を拡大すると同時に、事物の全体的な配置のなかでの人間の居場所について安心感を減少させつつあった、新しい科学にたいする反動であった。エマソンは〔新しい科学のもたらした〕否定的な結果に、早くから疑問を抱いていた。刺激的な語をもちいれば、エマソンは早くから「ポストモダニスト」だったと言えるかもしれない。少なくとも、彼は、都市がますます自己主張の度合いを強めることに、そして都会ふうに洗練された「モダニズム（近代主義）」がボストンの生活を世俗化し、ボストンを文明化すると同時にボストンをニューイングランドの風景と異質で疎遠なものに変えていくことに、強い違和感を感じていたと言えるだろう。

人生において「ロマンス」をもちつづけよと、エマソンは言う。あるいは、われわれなら、「人生をその豊かさにおいて全面的に愛せよ」と言うかもしれない。人生を（フランス語のロマンと英語のロマンスの意味の一部である）「叙事詩的冒険物語」として享受せよ。善き生は論理的な分析や自然にたいする支配のなかには、あるいはまた、自然を征服して作りかえられた環境のなかには、存在しない。（現代のフェミニストなら言うであろうが）生活・生命は、文化のなかにあっても、自然のなかにあっても、適切な尊敬、感受性、「世話」を要求する。人間は自然との深い結びつきの意識を必要とする。「自然は魂と対をなすものであり、その部分部分が魂にたいする応答なのである。一方は印章であり、他方は押印されてできる跡である。自然の美は彼〔人間〕自身の心の美である。自然の法則は彼自身の心の法則だ」[5]。

似かよったタイトルをもつエマソンの二つの作品が彼の思想を紹介するのに役立つ。最初のものは『自然』というタイトルの、彼が初期に書いた小さな本で、一八三六年の、最初の超越主義の宣言書である。二番めはのちのエッセーで、一八四四年に刊行された「自然」である。「自然」はひとつの詩ではじまる。

丸みをおびた世界は目に美しく
九重に神秘のなかに包まれている
これを見てまどうものは世界の激しい動悸の
不思議を伝えることはできないが、
自然の胸の鼓動に合わせてあなたの胸をはずませれば
東から西へとすべてはあきらかになる。

〔斉藤光訳「自然」、『自然について』エマソン選集1、二一五頁〕

ハーバード大学の学識ある探究者たち（合理主義者、経験論者、科学者）は、発展しつつある天文学、地質学、歴史生物学などについていくことができなかった。かれらは機械仕掛けの天界、岩石層、化石の記録に頭をひねった。エイサ・グレイ〔一八一〇－八八、米国の植物学者。ダーウィンの『種の起源』にも引用されている〕は、彼の標本室を世界中の珍しい植物でいっぱいにしつつあった。科学は古い世界観をひっくり返しつつあった。だが調子の合った鼓動をしている心臓は理解する。諸科学はわれわれが自然について知る必要のあるすべてのことを教えることはできない。実際、科学はわれわれが最も知る必要のあること、つまり、自然をどのように評価すべきかを教えることはできない。賢者は、論理と観察により因果関係において知られるこの冷たい機械論的な宇宙を「超越し」、より深い真理を理解することが必要である。

　自然はたんに生活必需品、資源として理解することはできない。自然はロマンスにおいてのみ理解しうる。そこでエマソンは自然の「神聖さ」、自然の「魔術」、その「魔力・魅力」に浸る「われわれは……物質と心を和解させることで、物質と友達になる。われわれは自然のまえで、愚かしいふるまいを恥ずかしく思う」。「都市は人間が正常な感覚を働かせる十分な余地を与えない[6]」。より豊かな審美的な経験をすることができるのは、森林や、田畑・野原で、より多くのものを見、嗅ぎ、触れ、味わい、もっと空間、時間、場所、調和を感じるときである。

　四分の一マイルほどのところのウォールデン湖畔にいたヘンリー・デヴィッド・ソローが、同じ考えであった。「野生・荒野のなかに世界が保存されている[7]」。ソクラテスは、「私は知識を愛し求める者だ。そして木々やひろびろとした土地は私に何も教えてくれようとしないのにたいして、町の人びとは私に教えてくれる」と主張した[8]。エマソンとソローはソクラテスに反対する。

『自然』において、エマソンは、自然が必需品、美、言語、そして修練を生みだすと論ずる。終わりのない地球の循環はわれわれに、持続、生命、生命に必要な物、繁栄を与えてくれる。有益なすべての人為・工夫はこれら自然の循環過程につけ足される装飾にすぎない。今日われわれが言うように、すべての経済はエコロジーによって支えられている——ボストンのますます多くの人がこの事実を無視する傾向にあった。より高尚な欠乏感は森林と空の美によって満足させられる。「美しいことは……必然的であり、すべての風景は必然的に美しい[9]」。そのような美は、人間の性格と知的生活に付随するものであり、相関的である。現代の言葉をもちいれば、エマソンは「徳倫理*」の考え方をとっていた。

　自然の機能は言語的ないし秘蹟的である。「すべての自然的事実はなんらかの精神的／宗教的な事実の象徴である[10]」。川は事物が流転するものであることを語っている。岩石は永遠を暗示している。自然は静と動を等しく示している——永遠の山々、永久的な自然の事実、風、雨、海、空、陸。言語は、いやそれどころかいっさいの知恵は、これら地球上のおなじみの象徴に根ざしているのであり、それはわれわれが「蒔いた種を刈りとる」と言ったり、あるいは、「どの生活にも少しは雨が降る」と言うときにわかる。〔また〕自然は意思を訓練し、鍛える。自然がわれわれのまえに立ちはだかり、そしてわれわれが人生の答えを出す。こうして、性格が形成される。

「自然の影響力はあらゆる段階にわたっており」、「泉から汲みあげられる一杯の桶の冷たい水」という日用の必需品から、「秋、そして真昼が与えてくれる」秘蹟的な、そして「崇高なる教訓」にまでおよぶスペクトルがある。「われわれは心地よく自然に囲まれ、そして自然の根と穀物に寄生してわれわれの生命を維持する」。「もしわれわれが自然物に〔のみ〕注意をはらって一日過ごしたとしても、その日は完全に不信心に終わったというわけではないように思われる」[11]。もしわれわれが降る雪を、畑に波うつ穀草を、野の草花を楽しんだならば、けっして悪い一日ではありえない。「最も多くのことを知っている人、地下にどんな素敵なもの、役立つものがあるかを知っている人、海や川、植物、天界を知っている人、これら魅惑的な事物に近づく方法を知っている人は、豊かで高貴である[12]。」

自然は相互に連関しあった側面をもっている。（中世のスコラ哲学から借用された語である）ナトゥラ・ナトゥラータ〔所産的自然〕は、それぞれ別々の諸対象で、受動的、惰性的である。これらは、ナトゥラ・ナトゥランス〔能産的自然〕――能動的エネルギーをもち、そうした諸対象を休みなく産出する過程で、さまざまに異なる形態において自己を表す――の結果である[13]。神話においては、これは「母なる自然」である。語源的には「自然」のもともとの意味は、生みだすこと、ないし〔泉の水のように〕溢れ出ることである。科学においてこれは創造的な自然誌の対象である。

ダーウィンの学説が現れるまえではあるが、エマソンはすでに、長い時間の幅のなかで進化発展が起こるという考えを認めている。「地質学はモーゼやプトレマイオス的な図式のかわりに、自然のより大きな様式をわれわれに教えてくれた。われわれは見とおしを欠いていたために、何もはっきりと知らなかった。岩石が形成され、そしてその岩石が壊れて……土になり、そして遠隔地の植物や動物のために入り口を開く……までに、どれだけ長い時間が経過しなければならないか。三葉虫まではまだどれだけ遠いことか！……御影石から牡蠣までは、はるかな長い道のりがある。そしてプラトンまではさらに遠い(14)」。

エマソンが言うところの自然の「秘密」には、二つの顔がある。

1　運動、過程、事物の変転、エラン・ヴィタール〔生命の飛躍の意味で、ベルクソンが『創造的進化』（一九〇七年）でもちいて有名になった〕は変化と発展の要素を表わす。自然はつねに運動しつづけている。新たなノウハウと力の実現に向け、ブレイク・スルー（急激な前進）を行なう「変動システム」である。「植物は……上へ上へと手を延ばし、意識に到達しようとしている。樹木は不完全な人間である(15)」。現代の用語を使えば、自然は「自己組織的」である。

2　休止、不変、あるいは同一性は〔1の〕補完的側面である。同じ法則と物質が自然のあらゆる形態――星々から人間にいたるまで――に現れる。物質はエネルギーと同様に保存される――ホメオスタシス（恒常性）と再循環のプロセスが存在する。「宇宙の始めから終わりまで、彼女（自然）はただ一種類の素材しかもたない」。「方向はたえず上向きである。しかし、芸術家は材料を求めて後ろに戻り、そして最も進んだ段階で、その最初の要素でもって開始する(16)」。「自然は移ろいやすい雲だ。いつでもあるが、けっして同じではない(17)」。自然の多様性と一様性、その安定性と自発性は、弁証法的で相補的な価値である。

エマソンは現在のわれわれが共進化とよぶもののなかに深い知恵を見る。動物は武装しており、ニッチェ（生態系のなかでの一定の地位）を与えられている。しかし、それでも捕食者により抑制される。動物は環境のなかで生きている。だがそれでも、その環境にたいして自己の身を守らなければならない。そこで鳥は羽をもっている。自然の秩序は、熱狂的であり浪費的である。自然はやりすぎるように見える。しかしそれによって成功する。「事物の進行には行き過ぎがある。自然はいかなる生物も、いかなる人間も、その固有の性質に少しばかり余分なものをつけ加えることなしには、それらを世界に送りだすことはない。……自然は……それらを、その最も正しい方向において、すこしばかり頑迷にする」[18]。われわれは最初、樫の木がドングリを多くつけすぎる、あるいはその樫の木にいるリスが神経質すぎると考える。だが、その見かけ上の種子の無駄とリスの本能的な不安は、通常は根拠がないが、それらの種の伝播をたしかなものにするのである。エコシステムのこの抑制と均衡のなかで、種の伝播は結果として、のちにレオポルドが言ったように、生物コミュニティの美と完全性をもたらす。「計算された浪費」[19]が興奮、実効性、創造性そして多様性を結びつける。

ここには、言語や市場が社会において発生し、エコシステムが自然において発生するように、統合された秩序が分散化されたシステムに自発的に発生するという、最近の思想と似かよったものが存在する。そのような分散化された秩序は、質が劣っているということはない。反対に、中央集権的な秩序と比較してより豊かであり、より多様性に富んでいるのである。

人間生活と人間社会は自然との連続性のなかで営まれている。あるいは、営まれるべきである。「人間は、最も遠く離れた諸領域を結びつけている自然の法則を認識することなしに、自分の靴の紐を結ぶことはない」。「われわれは自然的生活から外れるということについて語るが、それではあたかも人工的な生活もまた自然的ではないかのようだ」。しかし、人間生活において、自然の同一性につけ加わった新しいものが存在する。われわれは単純に「キャンプに出かけ、木の根を食べればよい」わけではない。「人間であって、マーモット〔山地に住む、リス科の小動物〕であってはならない[20]」。それでも、われわれは——電磁波を利用してサラダ用の野菜を短時間で育成すること**（あるいは電子レンジを使って鶏の肉を即座に調理すること、と言ってもよい）を望んで——テクノロジーの進歩のなかに人間の生の意味を求めるということは、すべきではない。そのような発明がなされたとしても、春のサラダ菜を含め、季節を楽しみつつ、土中の草根を利用する七〇年の人生を、まったくなくしてしまうわけではない。「何も得られない、自然は欺かれえない、人間の一生は〔一年に一回育つ〕サラダ菜七〇回分の長さである[21]」。

ホモ・サピエンスはミクロコスモス（小宇宙）であり、自然の「縮小版」、「便覧」であって、それを完成させるために自然がやってくる。ときどき、エマソンは人間中心主義的であるようにも見える、「自然誌（自然の歴史）におけるすべての事実は、それじたいとしては、価値をもたず、片方だけの性のように不妊である。しかし、自然誌を人間の歴史と結婚させれば、それは生命に満ちたものになる」[22]。自然現象の輝かしさは、人間がそれに目覚め気がつくまでは、理解されないままである。そして目覚め気づくことは、人類の根本的な運命なのである。

エマソンは自然の美をほめ称える言葉で『自然』を始めているが、それと対照的に、その末尾では、外面的な自然をまえにして、その「欺瞞」の意味を理解しようと努めている。われわれは希望に満ちて旅に出るが、けっして目的地に到達しない。「自然のいたるところに裏切りがあり、われわれを前へ前へと導く。約束はすべて実際に果たされることがない」。「摩擦」と「不都合」がある。「われわれは宇宙のどこかに小さな裏切りと嘲りがあると想定してはならないのだろうか[23]」。

最初はイエスであるが、究極的にはノーである。よりすぐれた見とおしは、自然が満たしてはくれるがしかしけっして完全には満たしてくれないもののなかに、創造的な不満足を見いだす。彼女〔自然〕はつねに「近づくことができない」、いつも征服しがたい「距離」のところにとどまりつづけている。われわれはけっして自然を所有するところにまでは到達しない。自然は「つねに他のところに問い合わすよう求められる存在であり、不在であり、けっして現前せず満足を与えない」。自然は「壮大な約束であって、すぐには説明されないだろう」。彼女は「測りしれない」。われわれはたんに彼女の「周辺部」にしか触れることができない。われわれはけっして虹の端に到着することはない。こうしたことは「不安」と「絶望」でわれわれを圧倒するかもしれない。しかし、正しく理解すればこのことは超越、より高次の力、精神的／宗教的な宇宙についての感覚を与える[24]。非宗教的な現代において、こうしたことが過度にロマンティック（空想的）に見えるならば、ローレン・イーズリーの、古生物学者としての感嘆の声、「自然そのものは夜と無の現実を超越するひとつの壮大な奇跡である[25]」を考えて見るとよい。

エマソンは、自然についての瞑想を、彼の全思想を支える哲学的観念論の形態をとって、結論づける。「自然は思想の受肉（具体化）である。……世界は凝結した精神である[26]」このことを知るためには、はるか遠くにまでおよぶ洞察が必要なのである。

注

（1）*Collected Works*, vol. 3, Cambridge, MA : Harvard University Press, p. 208, 1971.

（2）John Stuart Mill, 'Nature', 1874, in *Collected Works*, vol. 10, Toronto: University of Toronto Press, p. 400, 1963-77.〔小泉仰『J・S・ミル』（研究社出版、一九九七年）二二二頁以下参照〕

（3）Ibid., p. 381.

（4）'Nature II', in *The Complete Works of Ralph Waldo Emerson*, Vol.9, Boston, MA : Houghton-Mifflin Company, p. 226, 1918.

（5）'The American Scholar', in *Collected Works*, vol.1, p. 55.〔「アメリカの学者」、斉藤光訳『自然について』〈エマソン選集1〉、日本教文社（全7巻）、一九六〇年、二一七頁〕

（6）'Nature' (1844), in *Emerson's Essays*, New York : Thomas Crowell, p. 382, 1961.〔同書、二一九頁〕

（7）Henry David Thoreau, 'Walking', 1862, in *The Portable Thoreau*, ed. Carl Bode, New York: Penguin Books, p. 609, 1980.〔ソローの章の冒頭の詩を参照〕

（8）*Phaedrus*, 230d.〔プラトン／藤沢令夫訳『パイドロス――美について』（プラトン全集・岩波書店）一四〇頁〕

(9) 'Nature' (1844), p. 386.〔『自然について』、二三三頁以下〕
(10) *Nature* (1836), in *Collected Works,* vol.1, p. 18.〔同書、六五頁〕
(11) 'Nature' (1844), p. 382.〔同書、二二九－二三〇頁〕
(12) Ibid., p. 384.〔同書、二三二頁〕
(13) Ibid., p. 388.〔同書、二三六頁〕
(14) Ibid.〔同書、二三七頁〕
(15) Ibid., pp. 389-90.〔同書、二三八頁〕
(16) Ibid., p. 389.〔同書、二三八頁〕
(17) 'History', in *Collected Works,* vol.2, p. 8.〔「歴史」、入江勇起男訳『精神について』〈エマソン選集2〉、一三頁〕
(18) 'Nature' (1844), p. 392.〔『自然について』、二三一－二頁〕
(19) Ibid., p. 393.〔同書、二三三頁〕
(20) Ibid., pp. 390-1.〔同書、二二九－二三〇頁〕
(21) Ibid., p. 400.〔同書、二四一頁〕
(22) *Nature* (1836), p. 19.〔同書、六六頁以下〕
(23) 'Nature' (1844), pp. 396-8.〔同書、二三六－二三九頁〕
(24) Ibid., pp. 398-9.〔同書、二三八－二四〇頁〕
(25) Loren Eiseley, *The Firmament of Time,* New York: Atheneum, p. 171, 1960.
(26) 'Nature' (1844), p. 400.〔同書、二四二頁〕

* 徳倫理：すべての人に同じように求められる正しい行為はいかなるものであるかを問うよりも、行為が行為者の人柄や性格によって決まるところが大きいと考え、徳つまり倫理的に優れた人柄・性格の形成を重視する倫理観（たとえばアリストテレスの倫理学）。

＊＊　翻訳書では「サラダ用野菜は、夕食の鳥があぶられているあいだに、種子から葉に生長するそうである」という文がある。

→カーソン、ダーウィン、グリフィン、ラブロック、ソローも見よ。

■エマソンの主要著作

入江勇起男訳『精神について』〈改装新版・エマソン名著選〉、日本教文社、一九九六年。

斎藤光訳『自然について』〈改装新版・エマソン名著選〉、日本教文社、一九九六年。

酒本雅之訳『エマソン論文集　上・下』〈岩波文庫〉、一九七六年。

市村尚久訳『人間教育論』〈世界教育学選集〉、明治図書出版、一九七六年。

チャールズ・ダーウィン

Charles Darwin　1809―82

多くの種類の多くの植物で覆われ、草藪には鳥たちが歌い、さまざまな昆虫が飛びまわり、湿った地面を虫たちが這いまわっている複雑な様相の川沿いの土地を眺めること、そして精巧に作られ、たがいに非常に違った、しかも非常に複雑な仕方で相互に依存しあっているこれらの形は、すべてわれわれの周囲で働いている法則によって生みだされたのだということを反省してみるのは興味深いことだ(1)。

チャールズ・ダーウィンはシュルーズベリーで、裕福な内科医の息子として生まれた。家庭教師の教育を受けたあと、シュルーズベリー・スクールで学んだ。短期間、エジンバラ大学で医学を学んだが医者の資格を取ることはできなかった。その後、聖職者になるつもりで一八二七年にケンブリッジ大学に行った。聖職者になることは最後まで実現しなかった。卒業後、ロバート・フィッツロイ船長の率いるビーグル号の航海に加わった(一八三一―六)。その航海はダーウィンの人生における決定的に重要な出来事となった。というのは、その航海によって、ダーウィンの自然界についての考え方が根本的に変えられたからである。船は南米南部、とくに〔マゼラン海峡を挟んだ〕フエゴ諸島とその周辺の海岸における水に関する調査を、英国海軍省によって命ぜられていた。実際には船は世界を一周し、ブラジル、アルゼンチン、パタゴニア、チリ、ガラパゴス諸島、タヒチ、ニュージーランドと喜望峰、そしてそのほかのさまざまな寄港地を訪れた。ダーウィンはこれらすべての場所で広範な探索と収集を行ない、のちに、自分が経験したことの報告を書いたが、これは今日、自然環境の重要な記録であるとともに、旅行文学の古典と認められている。ダーウィンは自然の風景と自然美のすばらしさを認めていたが、そのことは、彼の野心的な収集計画の妨げにはならなかったということに注意しておくべきであろう。彼は大きな獲物を追いかけるハンターと同様、夢中になって資料集めを行なった。そして、当時、彼にとって射撃〔つまり重要な資料を見つけること〕の能力は、学問的な諸問題の理解力を高めることと同様、大切なことであった。航海中に彼はチャールズ・ライエルの『地質学の原理』から、環境がたえず変化していることを学んだ。彼はこの考え方を、山地の起源、珊瑚礁、そしてその他の自然誌的な問題にうまく適用した。彼は溢れんばかりの新しい考え方と展望をもって英国に戻った。

戻るとすぐにダーウィンは、生物の進化は事実だと確信した。この確信にとってガラパゴス・フィンチはきわめて重要であったが、彼が〔何種類もの〕ガラパゴス・フィンチのあいだの関係性を理解しはじめたのは、航海のあと、それらが正しく同定されたときになってからのことである。この時期は彼の人生において、最も興奮に満ちた、知的に豊穣な時期であった。一八三七年以降、彼は、進化に関する迸るような思索で何冊もの連続した手記を埋めていった。彼は有機体〔生物〕相互間の、また有機体と環境とのあいだの、微妙なバランスと関係に注意を払った。そして、他の人びとによって「完全な適合」と見られていたものにたいする別の説明を探した。およそ一八か月後、一八三八年秋、マルサスの『人口の原理』から得た、競争および異なる生存率という考えを、「自然選択（自然淘汰）」と呼び、彼の思想の基礎とした。この考えは彼に、変化と適応の仕組みについて、神の働きをいっさい含んでいない自然主義的な説明を与えた。一八四四年までに、彼は自分の考えに十分自信をもち、あいかわらず公刊はしなかったが、短い論文にまとめた。ただし、妻のエンマ・ウェッヂウッドに、自分が死んだら公刊するようにと指示した。また、このときから、生涯彼につきまとうことになる、長い病気がはじまった。

ダーウィンは、自然選択による進化を同時代の人びとに納得させるために必要だと思われた網羅的な証拠資料集を作成する作業に、全力で取り組んだ。彼は英国の植民地体制と、ロンドンに古くからあるいくつもの科学学会でのつながりを有効に活用して、世界中の多くの同僚と連絡をとりあった。その一方で、自宅で自然誌的な実験をも行ない、さまざまな出身の男女に特定の事柄についての協力を求めた。ダーウィンの仕事は、他の点ではともかく、一九世紀の自然誌に関する、諸科学を横断する協力によってなされた真剣な試みの、驚くべき実例である。自然誌に関する書物の公刊によってしだいに有名になったことと、科学界での彼の高い地位が、協力者探しをスムーズに行なうことを可能にした。彼はフジツボに関する長い研究を行なったが、このなかで、進化論的な関係性について十分満足のいく論証を行なった。そしてこの研究のあとで、ようやく、彼の理論の全体を書きあげる決心をした。

書いているときに、彼は、マレーシアで自然誌の資料を収集していたアルフレッド・ラッセル・ウォレスから、同じ着想を含んだ短い論文を受け取った。一八五八年七月、ロンドンのリンネ学会で共同声明の発表の場が設けられ、その後、『リンネ学会誌』に〔理論の要点を述べた〕非常に短い文章が連名で掲載された。(2) ダーウィンもウォレスも、理論が発表された席には二人とも欠席した。というのは、ダーウィンのいちばん下の子供が病気で危険な状態にあったからであり、そしてウォレスはいまだマレーシアにいたからである。そこでダーウィンは一八五九年の十一月に、『自然選択の手段による種の起源について、あるいは生存闘争における恵まれた種族の保存について』を公刊した。このなかで彼は、すべての動植物が可変的であるということを示した。周囲の諸条件に最も適合した個体は生き延び、そして生殖を行なうだろう。きわめて長い時間を経て、そしてしだいに変化する条件とともに、有機体（生物）は進化する。彼は環境変化の多数の事例をこの本に含めた。相互に結びつけられた推論の傑作であるこの本は、また、ダーウィンが彼の議論を支えるためにもちいた詳細な事実に関する大量の情報が盛りこまれていて、印象的であった。

進化論を最初に提出した本ではなかったけれども、その本は激しい論争を呼びおこした。一方で、ビクトリア期の人びとは、彼（とウォレス）が示した自然選択のメカニズムを認めることは難しいと思った。彼らは有機体がたんに偶然によって支配されていると見なすことには積極的になれなかったし、また、現にある過渡的形態の証拠も、目のような複雑な器官になっていく途中の段階の証拠も、目撃することはほとんどなかった〔からである〕。さらに哲学的な精神をもった生物学者たちは、ダーウィンがあまりにも推理と蓋然性に頼りすぎており、彼の仮説を通常のやりかたで証明できていないと論じた。他の人びとは、彼が変異の起源についても、また、またその変異が引きつづく諸世代にどのように伝えられるのかについても、説明できていないと指摘した。

しかし論争のおもな原因は、創造の過程から神を追放してしまうことに多くの人が強い反感を抱いたからである。考察の対象が人間の起源の問題になったときに、論争は最も激しくなった。ダーウィンは『種の起源』のなかでは、人間の祖先に関する直接的な言及は行なわず、たんに「人間の起源とその歴史に光が投げかけられるだろう」と言っただけであった。[3] にもかかわらず、この本の公刊につづいて起こった激しい議論のおもな焦点は、人間の祖先の問題であった。もしダーウィンの提案が真実と認められるならば、そのときには人間存在は、聖書の物語に書かれているように、特別に神によって創られたものだというのではなく、動物の祖先、たぶん猿から派生した子孫だということになるだろう。こうした理由で、『種の起源』はしばしば危険な無神論的な論文だと見なされた。〔他方〕ダーウィンの番犬と呼ばれたT・H・ハックスレーによって、そして彼の友人たち、チャールズ・ライエル、ジョセフ・ドールトン・フッカー、エイサ・グレイ、そしてジョン・ラボックなどによって、断固とした擁護論が展開された。とはいえ、これらの人びとはいずれも、ある程度は、ダーウィンの構想の一、二の側面に関して小さな留保があった。一八六二年にウォレスがマレーシアから戻ったとき、彼もまたその理論を断固として擁護した。そして寛大にも、その理論を支える証拠を、彼自身が提出することができたであろうよりもはるかに多く、ダーウィンが提出していることを認めた。しかしながら、最終的にはウォレスとダーウィンは、人間の精神生活の起源の説明に関して意見が分かれた。

ダーウィンは残りの人生を費やして、『種の起源』で提起された諸問題の異なる側面に関して、詳しい説明を与えた。彼がのちに出した『飼育栽培のもとでの動植物の変異』(一八六八)、『人間の由来』(一八七一)、そして『動物と人間における感情の表現』(一八七二)などは、『種の起源』の小さな節に収められていたテーマを詳細に説明したものである。彼はまた植物生理学、とくに受精の研究も行ない、彼の家や庭で多くの実験を行なった。彼は、長い著作活動のあとで実践的な自然誌の仕事に戻ることができたことを喜んだ。彼が『種の起源』のあとで公刊した最初の本は、ランの受精の詳細な考察であり、これら複雑な花が、神の設計の結果ではなく、昆虫による受精をたしかなものにするための適応が顕著に集まったものであることを示そうという、特別の意図のもとに書かれていた。つねに彼は、植物がもっているより広い含意に関心を抱いてきた。そして植物を彼の理論の重要な証拠と考えた。実際、『種の起源』における適応、変異、そして血統など鍵となる議論は、彼の植物学の研究、とくに植物地理学に関する彼の斬新な着想に依拠している。

ダーウィンは、この植物学の研究の一部を『飼育栽培のもとでの動植物の変異』のなかに組み入れた。この本は一八六〇年からゆっくりと書かれ、一八六八年に公刊された。この著作のなかで彼は、『種の起源』によって残されていた、変異の起源とその遺伝に関する主要な理論的ギャップを埋めようとした。彼は、先祖がえり、用不用の効果、相関関係、奇形、生活環境と生活条件の直接的影響など、変異性のさまざまな原因の多くの例を与えた。生活環境と生活条件に関して、彼はラマルク的な影響に十分な重きをおいていないと非難されたが、現実にはつねに、両親が生きているあいだに獲得された変化の一部が子に遺伝することを認めていた。この問題は、彼の死後数十年経って、遺伝学の主要な概念が練りあげられつつあったときに、決定的に重要になった。環境がおよぼす結果が子に伝えられることを、生物学者がどの程度認めるかということが、一九世紀末の生物科学の熱い論争の主眼点となったのである。

彼の生涯に出版された『種の起源』の六つの版（一八五九、一八六〇、一八六一、一八六六、一八六九、一八七二）をとおして、主要なテーゼは揺らぐことがなかった。しかし、ダーウィンは細かな点ではかなりの変更を加えた。獲得された変異の遺伝に関する見解を、かなりの程度ひろげた。ウィリアム・トムソンが地球の年齢として計算したはるかに短い年数に合うように、進化による変化の速度を早めようとした。* 多くの批判、とくにセント・ジョージ・マイヴァートの批判にたいする答えを第六版に収めた。** 彼は「自然選択」の語の使用が正当だと主張したが、一方で、たぶんそれを擬人化しすぎたと認めた。ウォレスの提案を受けて、第五版（一八六九）ではハーバート・スペンサーの「最適者の生存」という表現を取り入れた。

彼の後期の何冊かの本は植物学の問題に関するもので、彼の息子のフランシスが手伝った。フランシスは彼の秘書でもあった。彼の最後の著作はミミズに関するもので、彼が青年のときに興味をもった主題に戻ったのである。そして、この著作は、たくさんの小さな活動ないし変化が大きな効果をもたらしうるという、彼の生涯にわたる信念を反映していた。彼はミミズが毎晩新鮮な土を地表にもたらすことによって、汚い、不快なものをゆっくりと埋め、大地の表面を若返えらせることができるということを示した。晩年の彼は、比較的若い人びとが進化論的な考え方をどんどん前に押し進めるのを見て、嬉しく思った。そして、自然誌の領域で彼が興味をそそられた、小さな実際的な問題の研究を行なうことに満足した。彼の知的な生活の全体は、彼の考えでは、自然誌の実在の世界のなかにしっかりと根を下ろしていた。彼が大きなことをなしえたのは、これら詳しい小さな事実と、彼の理論によって切り開かれた広い展望とのあいだを、自由に行ったり来たりすることができたということによるのであった。

ダーウィンの宗教的な見解は、当然のことだが、おおいに研究の対象になってきた。彼の宗教的見解には振幅があった。彼は、ユニテリアン派〔三位一体説に反対し、神の単一性 unity を主張。イエスの神性を否定する〕の家族の影響を受けながら、イギリス国教会の信者として育てられた。青年期とビーグル号に乗っていた時代には、一時的に、懐疑的になったこともあったが、それを除けばつねに伝統的な信仰をもちつづけた。しかし進化論の研究に取り組んでいたときに、彼は宗教的に信じていたことを詳しく吟味した。そして一八三七年以降、ときどき、鋭い唯物論的な傾向を示すようになった。そうだとしても彼は、『種の起源』を公刊したときには、非干渉主義的な〔世界を法則的に支配しているが、人間世界に姿をあらわすなどして直接に関与することをしない〕神を信じていたと語った。また『自伝』のなかでは、自分が無神論者だと考えたことは一度もないと主張し、ハックスレーのもちいた「不可知論（非独断論）者」〔神の存在は証明できないと主張する人びと〕という語が、彼の心の状態を記述するにははるかに適切だと語っている。人にたいする思いやりがあり、優しい性格の持ち主であったダーウィンは、多くの場合、自分の義務を果たすというビクトリア朝期の考え方を正しいと信じていた。政治的には彼はリベラルであった。

晩年のダーウィンは科学の長老として尊敬された。彼は一八八二年四月一九日、〔イングランド南東端〕ケント州ダウンハウスの、彼が一八四二年来暮らした家で死んだ。彼はウェストミンスター寺院に葬られた。ダーウィンが環境の思想と実践に与えた影響は非常に大きかったが、また、多義的でもあった。支持者であれ批判者であれ、ある著作家たちにとっては、自然選択の理論は、自然の「脱魔術化」を進めた啓蒙のプロセスを継続する働きをもった。そして結果的には、「神の書いた本」、あるいは目的をもった有機体というような、自然にたいする「尊敬」に似た観念は、たんに「空想的」として追放されることにもなった。いわゆる「社会ダーウィニスト」たちのあいだでは、その自然選択の理論は、自然と人間の諸関係を「歯と爪を血に染めた」〔弱肉強食の〕関係と見なす見解、したがって、自然の経済的搾取・開発と、「生存に適して」いない「原始的な」諸国民にたいする植民地支配を、正当化するためにもちいられた見解の正しさを証明するものと受け取られた。しかしながら他の著作家たちにとっては、ダーウィンの理論は、人間存在が、他の存在とともに全体を構成する自然界の要素をなすものであることを強調することによって、人間を「知的存在」として自然的世界に対置し優越させてきた「デカルト的」な世界像を破壊するのに貢献した。これらの著作家たちの見解によれば、この〔デカルト的〕世界像が、環境を、人びとが自分の利用したいように利用する「対象（もの）」ないし資源として扱うようになったことに、大きな責任を有しているのである。

注

（1） *On the Origin of Species by Means of Natural Selection, or the Preservation of Favoured Races in the Struggle for Life*, London: John Murray, p. 489, 1859.〔堀伸夫・堀大才訳『種の起源』、槙書店、四七〇頁〕

（2） Charles Darwin and Alfred Russel Wallace, 'On the Tendency of Species to Form Varieties, and on the Perpetuation of Varieties and Species by Natural Means of Selection', *Journal of the Proceedings of the Linnean Society of London*, 3(9), pp. 1-62, 1858.

（3） Ibid., p. 488.〔同書四六九頁〕

＊ 地球の年齢は現在では四十六億年と推定されている。当時は放射性物質が発見されておらず、イギリスきっての物理学の権威、ウィリアム・トムソン（ケルヴィン卿）は、化石燃料だけを地球の熱源として、地球の年齢を最大限二億年と計算した。他方、ダーウィンは、化石の見つかったウィールド地方の堆積層は現在の地形になるまでに三億年経過しており、地球の年齢はそれよりはるかに古いと推定していた。改訂版、第一〇章「化石による証拠が不完全なことについて」でこの点にふれている。（「リチャード・リーキーによる解説」、『新版　図説・種の起源』二九〇－九二頁参照）

＊＊　第七章「自然選択説にたいするさまざまな異論」で三〇頁ほどを、ヒラメなどの目が体の一方についていることの説明に関するものなど、「イギリスの著名な動物学者」マイヴァートの異論の紹介とその反論に当てている。

→カーソン、マルサスも見よ。

■ダーウィンの主要著作

吉岡晶子訳／リチャード・リーキー編『新版　図説・種の起源』東京書籍、一九九七年。

荒俣宏訳『ダーウィン先生地球航海記』1巻～5巻、平凡社、一九九五～一九九六年。

渡辺弘之訳『ミミズと土』〈平凡社ライブラリー〉、平凡社、一九九四年。

八杉竜一訳『改版　種の起源　上・下』〈岩波文庫〉、岩波書店、一九九〇年。

堀伸夫・堀大才訳『種の起原』槇書店、一九八八年。

筑波常治『ダーウィン』〈人類の知的遺産47〉、講談社、一九八三年。

池田次郎・伊谷純一郎訳「人類の起原」、今西錦司編『ダーウィン』〈世界の名著39〉、中央公論社、一九七九年。

ヘンリー・デヴィッド・ソロー　1817–62
Henry David Thoreau

私が語っている西部とは野生／荒野の別名であるにすぎない。そして私がこれまで言おうと準備してきたことは、野生／荒野においてこそ世界が保存されているということだ(1)。

たしかに環境〔保護〕運動はソローなしにも存在しただろうということは疑いえない。しかし、彼の情熱に満ちた燃えるような文章と、他の人びとを感動させる力強い行動がなかったならば、環境運動はどうであったかを想像するのはむずかしい。彼の行動を非常にひろく鳴り響かせたのは、自分の行動を力強く、鋭い言葉で表現するソローの能力であった。彼の行動としてまずあげられるのが、最も有名な、コンコードの刑務所における一晩の抵抗である。*これは、メキシコにおける戦争と南部の奴隷制を支えるのに使われていた税の支払いを拒否した結果であった。また、町からちょうど一マイルのところにある、氷河に削られてできた深い湖、ウォールデン湖のほとりで二年二ヵ月と二日住んだことがあげられる。これらの行動から生まれた文章は、何世代にもわたるのちの人びとの行動を形成するのに役立つ概念を、結晶化させた。刑務所で過ごした一晩の怒りは、ソローに抗議の文章「市民統治にたいする抵抗 Resistence to Civil Government」を書くよう焚きつけた。そしてこれは、モハンダス・ガンディーに「市民的不服従[2] Civil disobedience」という言葉を与えた。そしてウォールデン湖畔での逗留の喜びは、詩的な想像力のみなぎった『ウォールデン』に結実し、これがソローの人生と作家としての経歴にとっての、決定的な出来事になった。『ウォールデン』において、ソローはアメリカ社会にたいする鋭い批評から、自然にたいする叙情的で親密な関係へと移っていく。自然との親密な関係は彼に、またわれわれに、自然が与えてくれる生気 spirit がどのようにしてアメリカ社会の悪を償い、われわれを救うのかを教えるのである。ソローの諸著作は自然の新しい、より深い価値評価の標準となった。そしてこの自然の評価は、彼の死の二、三十年後に、ラルフ・ウォルドー・エマソンとジョン・ミューアとともにはじまる、米国の環境運動につながった。ローレンス・ビュエルが書いているように、何千人もの帰依者がウォールデン湖への巡礼の旅を行ない、そしてソローは現代の「環境の英雄[3]」、アメリカの自然文学の父になったのである。

ソローは自然愛好家になるように生まれついたとはほとんど言えない。子供のときには家族のピクニックに加わって、マサチューセッツ州コンコードの周辺の田舎に行った。コンコードは農場や湖や川、そして二次林の森林地帯がつづく、ゆるやかに起伏した風景のなかにある農民たちの小さな町で、郡都であった。こうしたピクニックのさいの散策を別とすれば、彼は自然研究にたいする特別の傾向は何も示さなかった。ハーバードで教育を受けた彼は、めざす教職に就くために十分な準備のできた、ギリシア・ローマ文化の一人前の研究者になった。ヘンリーと彼の兄のジョンは、彼らの思想があまりにも進歩的で、既成の学校に勤めることはできないことがわかったとき、自分たち自身で新しい学校を創った。この学校は短期間栄えたが、ジョンの病気のために一八四一年に閉鎖せざるをえなくなった。ジョンが一八四二年の一月に〔破傷風による〕開口障害で急死すると、ヘンリーの人生はさらに変化した。兄の死後の数年間は、生活のためにさまざまな試みを行なった。家庭教師、雑役の日雇い、彼の父の鉛筆工場での手伝い、そして測量士。だが、彼の友人のラルフ・ウォルドー・エマソンと、エマソンが鼓吹した「超越主義」運動に励まされて、ソローは彼の天職として文学に狙いを定めた。一八四四年、エマソンがウォールデン湖岸に土地を買い、一八四五年にソローは、エマソンの承認を得て、自分の小屋を建てはじめた。彼は——一八四五年六月四日の独立記念日に——そこに移ったとき、彼の最初の重要な著作計画のための資料を携えて行った。これは『コンコルドとメリマック川の一週間』（一八四九）で、彼と兄のジョンが一八三九年に行った二週間の旅行の記録を、瞑想的な文体に書きなおしたものである。だが、湖岸にいるあいだ、ソローは、つぎの計画『ウォールデン』のための資料集めをはじめていた。最初はただ、詮索好きの町の同僚たちに自分の風変わりな行動を説明しようと考えていただけであったが、何年も経つうちにその計画は、ウォールデン湖での滞在というできごとと、その湖岸での実践により身につけた生きかたについての哲学とを、包括するものに成長した。

一八四六年六月のある午後、町で用事を足していたときにソローは捕まって投獄された。それは彼がウォールデン湖に住んでいたときのことであった。その結果生じた論争は、彼の政治的な思考を鋭くした。すでに一八四〇年代から巡回講演で奴隷廃止論を唱え、まずまずの成功を収めていたソローは、反奴隷制の弁士としてまた活動家として、しだいに有名になりつつあった。湖岸での他の二つのできごともまた彼の経歴を形成した。まず、逮捕されてから数週間後にソローはメイン州に旅行をし、そこのカターディン山で彼ははじめてほんものの原生自然に出会った。彼が「クタードゥン」のなかで語っているように、その経験は、安全に育んでくれる母なる自然という、彼がそれまで抱いていたイメージを打ち砕いた。カターディン山では「広漠たる、巨大な、非人間的な自然」が彼を窮地に追いつめ、問いただしているようであった、「おまえはなんでここへきたのか。まだそのときではない。この土地はおまえのために備えられたのではない」。ソローは考えた、「人間が住んでいない領域を想像するのは難しい」。なぜならば、われわれはわれわれが「いたるところに」存在すると思いこんでいるからである。「しかも、もしこのような広漠かつ荒涼とした非人間的な自然を見たことがないとすれば、純粋な自然を見たことにはならないのである。……ここには人間のための庭園は存在せず、誰も足を踏み入れたことのない地球が存在した」(4)。この新しい経験のあと、ソローはウォールデンの平和な風景も恐ろしさを保持しているということがわかった。なぜなら、自然におけるある要素はつねに他者的であり、けっしてそれをなくすことはできないから。彼は、やがてまもなく、この他者を野生／荒野と呼ぶであろう。

第二のできごとは、その他者性が完全に理解されないまでも、それに接近するひとつの方法を示唆していた。ソローは自然に向かうことが多くなるにつれ、自然についての著作、とくに自然誌の著作に向かうことが多くなった。だが、有名なスイスの自然科学者ルイ・アガシがボストンにやってくると、ソローは観察者から参加者に転じた。アガシはすぐに収集ネットワークの組織化を行ない、一八四七年の四月までにソローは、魚、カメ、さらにはキツネの標本をアガシに送った。そしてアガシは、ソローの集めた標本のいくつかは学問的な価値のある新しいものであることを公表した。そのすぐあとで、ソローは、アガシの師であるアレクサンダー・フォン・フンボルトの著作を、またチャールズ・ダーウィンおよびチャールズ・ライエルの著作を読み、フンボルトには深く影響された。ソローは自然誌の調査に批判的で、「書記による神の財産の在庫調査」だとこきおろした(5)──しかし、自然誌の調査にはやはり何か別のものがあった。それは、自然を、研究室ではなく荒野における探索と収集によって、その無数の細部を愛しながら厳しく吟味する研究をつうじて取り組まれるべき、ひとつの大きな全体と見る、きわめて包括的なヴィジョンであった。ソローは、ヨーロッパだけでなくアメリカにおいても高まっていた、フンボルト的な科学の波を、その絶頂において捉えた。アメリカにおいてフンボルト的な科学は、政府の後援を受けた、アメリカの西部への、また北米、南米の海岸線に沿った探検隊の組織化と資金集めに、取り組んでいた。フンボルトは、有機体と環境を相互に結合したひとつの網状組織と捉える科学、つまり数十年後には「生態学」と呼ばれるだろう総合を押しすすめた。ソローが生態学の原型であるフンボルト的な科学を見いだしたことは、思想家としての彼の発展にとってきわめて重要であった。なぜならば、彼はそのなかに、彼自身がコンコルドの環境の「生態学的な」研究を行なうのに必要な方法とモデルを見つけたからである。一八五〇年代の初めごろまで、彼は、最終的には合計二〇〇万語を越えるものになる彼の『日誌』の記録を含め、彼の生産的な時間の大部分を、この新しい天職の遂行のために注ぎこんだ。噴出する情熱の高まりによって、『ウォールデン』は——いったんは、『コンコルドとメリマック川の一週間』の商業的な失敗以来、草稿の形態で萎んでしまっていたが——完成に向かって成長した。

一八五四年にようやく出版された『ウォールデン』は、それ以来、自然に関するアメリカ人の書いた全著作の第一位を占める古典でありつづけている。『ウォールデン』は「大部分の人間」と同様、自分も「沈黙した絶望の生活を送っている」と認識しているすべての人に向けて書かれている。(6)ソローのウォールデン湖岸での「実験」は、より真なる精神的文明生活を示すために、「文明化された」生活のうち、必要不可欠な装飾品以外のいっさいのものを捨て去る。真の文明生活は、自然のリズムにそくして、自然の生き物——もちろんわれわれ人間もまたその一部であるが——を大切にしつつ営まれる生活である。「われわれは迷子になるまでは、つまり、世界を失うまでは、自分自身を見いだすことはなく、われわれがいる場所も、われわれと世界の無限にひろがった関係も理解することはできない」と、ソローは書いた。(7)ウォールデンは何よりもそこに住み、自己自身を「見いだす」ための場所であった。そこで『ウォールデン』では、人間が近づきやすい自然の描写が強調された。他の二つの著作は、書かれた時期は重なっているが、最終的なかたちでの出版はソローの死後になってはじめて行なわれた。それらは荒々しい原生自然と、文明と野生／荒野の境界で生活を営む人びとの自然を取り上げている。『メインの森』(一八六四)はメイン州へのソローの三つの旅行の物語を収めている。「クタードゥン」のあとには「チェサンクック」がつづき、そこでは、ソローはヘラジカの狩りに加わる。そして、三つめの「アレガッシュとイースト・ブランチ」では、ペノブスコットのガイドのジョー・ポリスとの友情をとおしてインディアンの心と生活を考察する。『コッド岬』(一八六五)では、ソローは背後に海の迫る砂丘地帯に生活する男女を訪問する。そしてここでは、その海を見ながら「地球をとり巻いている、ベンガルのジャングルよりももっと野性で、もっと多くの怪物が潜む原生自然」を考える。ソローの海岸は、カターディン山と同様に、人間的なものの最も外側の縁を示しており、同じような恐ろしさを保持している。「それは野性がはびこっている場所であり、そこにはいっさいのへつらいが存在しない。……裸の自然――人間にたいする考慮は一かけらもなく、波が海岸の崖を少しずつ蝕み、その波しぶきのなかをカモメが舞っている、混じり気のない非情さだけがある(8)」。

ソローは四十四歳の若さで死に、彼の中年期にさらに発展しつづけたであろう計画は途中で打ち切られた。彼は科学的な正確さと、隠喩にたいする詩人の愛好とを、ユニークな仕方で結合することに成功しつつあった。とりわけ、「森林の遷移」(一八六〇)は、森林の遷移の型の科学的で理論的な説明とともに、森林の知的・理性的な扱いを求める情熱的な議論の両方を示している(9)。そうした議論の必要は、ソローの故郷の風景は原始のままの姿をほとんどなくしてしまっていたということを、思いおこさせる。すでに一八四〇年代には、ヨーロッパ人の二〇〇年間の利用によって、故郷の風景はやせ衰えてしまっていた。さらに産業革命がはじまり、その長期的な影響をソローは心配した。彼がウォールデンに移る直前に、鉄道がその地域の角を横切った。そして鉄道の枕木と燃料にもちいるための木材の伐採によって、一八五〇年代までに、彼がそこで育った森林はほとんど平地に変えられてしまっていた。かつていくらでも見ることのできたシカやビーバーなどの動物は、長期にわたる狩りによって近隣からは姿を消してしまっていた。そして彼の資本主義にたいする批判は、やがてすべての無主の開放地が囲いをされ、進入禁止の立て札が立てられて、彼が毎日行なっていたような田野を横切る散策などは、非合法な行為になってしまうという懸念を含んでいた。[10]ソローは彼の晩年のもうひとつのエッセー「野生のリンゴ」のなかで、「野のすべての木さえも枯れてしまう」最悪の日が到来することにたいする警告を発した。[11]しかし彼は絶望を勧めたのではなかった。かわりに彼は解決法を考えはじめた。それによれば、社会が団結して「国家的な保存地域」[12]をつくり出す。すなわち、選定された土地にたいして私有財産制度の適用を除外し、その土地を万人のものとして保管し、「学習とレクリエーションのための、恒久的な共同財産」にするのである。そして彼は、それらの土地は、もし森林地帯であるならば、木を伐採するのではなく「より高い目的のために立木のまま腐らせるべきである」と保存の倫理を提案していた。[13]もうひとつの晩年の手稿では、私有の森林地の経営を監督するために「森林保護官が町によって指名されるべきだ」と考えていた。彼は、アメリカ人は「どのようにしたら森林をつくり出せるかを知るようになるまでに、たいへんな苦労をした」イギリス人から、多くのことを学ぶべきだと提案した。というのも、アメリカ人は依然として幼い森林を切り開いたり、愚かにも、ひそかに耕地に変えたりしているからである。[14]こうして、環境運動の競合する二つの側面――資源の保存とその保全、ないし管理された利用――の種子が、ともにソローの晩年の著作のなかに見いだされるように思われる。

ソローは、土地および河川とどのようなかかわり方をする生活がよいのかについて、町の人びとを教育することに積極的であった。だが、彼は、環境行動主義あるいはその他の「運動」と呼ぶことができるかもしれないようなものを援助したり、それに加わったりすることはけっしてなかった。その理由は「市民政府にたいする抵抗」のなかに示されている。彼によれば、政治的変革は、各自の独立した道徳的判断にもとづき、社会的不公正に味方することを拒否する、良心をもったすべての人の行動の一致から生ずるのである。エマソンが「自己信頼」のなかで書いたように、真の改革者は「彼の旗印に寄り集まってくる新たな支持者の数が増えるたびに弱くなる」ものだ。[15]ソローは自己自身に依拠する抵抗というエマソンの考えを、さらに前に押しすすめた。まず第一に、ソローにとって、自然もまた人間にたいして「抵抗する」力をもっている。すなわち、自然はわれわれの手のなかでわれわれの望むとおりに形づくることができるような可塑的なものではない。物理的自然はわれわれの設計を押しかえす力をもっている。あるいは「クタードゥン」の巨人のように、あるいは世界を循環する大洋のように、まったく無頓着である。ソローが野生動物を見たとき、それらは彼を見かえした。そして彼が動物たちの目のなかに見たものは、彼自身の反映ではなく、疎遠なもの、「野性」であった。こうしてソローにとっては、自然はそれ自身の道徳的地位を有している。「魚たちが鳴き声を上げたら誰がそれを聞いてくれるだろうか」と、彼は、ビレリカ・ダムのまえで筌《うえ》にかかったシャド〔ニシンの一種で遡上する〕に尋ねた。そして彼は警告をつづけた、「われわれが同時代の仲間だったということは、なんらかの記憶にとどめられるだろう」[16]。ソローは、もし人間が〔地球上から〕とり除かれても、自然は依然として存在しつづけ、そして自然はけっして嘆いたりはしないだろうということを理解した。その当時としては驚くべきその洞察は、ソローを魅惑するとともに恐れさせもした。というのは、彼は根本的に人間中心的 humanist 見解の持ち主であったからである。宇宙は生命中心的であるかもしれないということは、彼を悩ませるとともに興奮させた。結果として、彼は、ほとんど誰もまだ想像することができないような仕方で、人間とその環境のあいだの関係性に注目した。

第二に、ソローは、力は個人から発して集団へと流れていくと信じた。エマソンはこの考えを肯定的に受けとめたが、ほとんどのロマン派の人びとと同様に、これとは相補的な考え、つまり、力は全体としての組織から流出して個人を貫いて流れるという考えに、ずっと強く捉えられていた。ソローは頑固に彼の独自な信念にしたがって生き、その生き方は彼の友人たちを動揺させた。彼は、政治的な理想――彼の究極的な民主主義に関するヴィジョン――を、自然の働き方に関する理解と結びつけたが、その結びつけかたはまさにこうした彼の生き方そのものであった。独立した行為者たちの創造的調和をつうじて、各人は自分の目的の達成に努めるが、彼らの意思で、他の一人一人の力を借りていっそう高次の全体のために結合する。ソローの知的・理性的な確信は、彼の文学のスタイルをも形成した。個人が社会の変化を引きおこすと考えたので、ソローは一人一人の読者を動かすことを追求した。彼は、かわるがわるショックを与え、侮辱し、嘲笑し、冗談を言い、宥めすかし、理屈で説得し、教えさとし、反駁し、そして歌う。ある読者は彼を追い払おうとするだろうが、他の読者は刺激を受け、感化されるということを彼は知っている。とりわけ、ソローはよい物語の力を知っていたので、『ウォールデン』では、彼自身が束縛から自由へ辛うじて脱出したという物語を、効果的に与えている。もちろん、読者がその物語を、自分自身の生活のなかで再現できると思えなければ、失敗である。そこでソローは、われわれ読者に、彼のあとについてくるよう誘う。〔現実の〕ウォールデン湖ではなく、われわれ自身の「ウォールデン」へ。そこからわれわれは、絶望においてではなく、知恵において営まれる生活に向かう道を、見いだすことができるであろう。

ソローにとって、そうした目標は自然を離れては考えられなかった。人間であることの明確な指標である「文化・教養」cultureは、自己形成の過程、ないしは、周知のウォールデンのまめ畑**におけるソローのように、人間の努力と、手の加えられていない自然の風景をともに変えながら結合する、「耕作 cultivation」の過程であった。われわれは〔もともと存在した〕環境のなかに置かれるのではない。むしろわれわれと環境はともに生長し、たがいに結びついた全体になってゆく。その結果、われわれは注意深く周囲を見まわすことによって、われわれが誰であり、何者なのかを知るようになるのである。ソローのコンコルドの風景にたいする厳しい観察が彼に告げたことは、アメリカがこれから進むべき長い道のりがまだあるということ、つまり、人間の可能性の大部分はまだ実現されていないままだということであった。もしわれわれが、彼が想像した市民社会に多少でも近づいているとするならば、その一部は、彼が、われわれに耳を傾けさせるような仕方で発言した、ということによるであろう。

注

（1）'Walking', in *Natural History Essays*, ed. Robert Sattelmeyer, Salt Lake City, UT : Peregrine Smith, p. 112, 1980.〔木村ほか訳『H・D・ソロー』〈アメリカ古典文庫4〉、研究社、一九七七年、一四六頁〕

（2）ソロー自身がつけたタイトルはここに与えられている。彼の死後、彼のエッセーの第二版からタイトルが「市民的不服従」と変えられた。それ以来多くの重版では後者が使われてきた。しかし著者によるものではない。

（3）Lawrence Buell, *The Environmental Imagination: Thoreau, Nature Writing, and the Formation of American Culture*, Cambridge, MA : Harvard University Press, pp. 315-16, 1995.

（4）*Maine Woods*, 1864, ed. Joseph J. Moldenhauer, Princeton, NJ : Princeton University Press, pp. 64, 70, 1972.〔小野和人訳『メインの森――真の野性に向かう旅』金星堂、一九九二年、六四、六九頁以下〕

（5）*A Week on the Concord and Merrimack Rivers*, 1849, ed. Carl Hovde *et al.*, Princeton, NJ : Princeton University Press, p. 97, 1980.

（6）*Walden*, 1854, ed. J. Lyndom Shanley, Princeton, NJ : Princeton University Press, P. 8, 1971.〔飯田実訳『森の生活　上』〈岩波文庫〉、一七頁〕

（7）Ibid., p. 171.〔同書、三〇四頁〕

（8） *Cape Cod*, 1865, ed. Joseph J. Moldenhauer, Princeton, NJ : Princeton University Press, pp. 148, 147, 1988.〔「コッド岬」（部分訳）、前掲書『H・D・ソロー』。該当する箇所は見あたらず。〕

（9）「森の樹木の遷移」における着想は、最近公刊された『種子への信頼』*Faith in a Seed* の一三一－一七三頁の、ソローの未完成の手稿「種子の分散」The Dispersion of Seeds のなかで、ずっと先にまで展開されている。以前は公刊されていなかった、晩年の他の自然誌に関する著作が『野生の果実』*Wild Fruits* のなかに現れている。*Faith in a Seed*, ed. Bradley P. Dean, Washington, DC: Island Press, 1993. *Wild Fruits*, ed. Bradley P. Dean, New York: Norton, 1999.

（10） Thoreau's essay, 'Walking', in *Natural History Essays*, pp. 93-136, または多数あるリプリント版のいずれかを見よ。〔「散策」、『H・D・ソロー』、一三一－一六四頁〕

（11） *Natural History Essays*, p. 210.〔「野生りんご」、『H・D・ソロー』、八一頁。ソローはそこで、ブドウ、無花果、ざくろ、やし、リンゴなどすべての野生の果樹が伐採され、接ぎ木による人工の果樹しかなくなると言っている。〕

（12） *Maine Woods*, p. 156.〔前掲書『メインの森』、一六〇頁〕

（13） 'Huckleberries', in *Natural History Essays*, p. 259.

（14） *Faith in a Seed*, pp. 173, 172.

（15） Ralph Waldo Emerson, 'Self-Reliance', in *The Collected Works of Ralph Waldo Emerson*, vol. II, Cambridge, MA: Harvard University Press, p. 50, 1979.〔邦訳『エマソン選集』第2巻、七八頁〕

（16） *A Week on the Concord and Merrimack Rivers*, p. 37.

＊ 刑務所に入ることとは、税を支払わないという、抵抗の行動だった。誰か（たぶん叔母）が税を支払った。翌日、牢獄を出るように言われて、ソローは怒り、牢獄にとどまりつづけることを主張した。亀井俊介による解説「ソローの道」、『H・D・ソロー』五―六頁。

＊＊ ソローは2エーカー半〔約1ha = 100m × 100m〕の畝を一丁の鍬《くわ》と二本の手だけで耕し、雑草取りには手間を

かけたが、わずかな肥料でいんげん豆を育てた。利益は差引九ドル弱。二年め、三年めは「苦労せず、肥料をさらに少なくして」試したところ、収穫はまったくゼロだったと書いている。また、「私の畑は、いわば未開拓地と耕作地を結ぶリンク」、「半耕作地だ」とも言っている。〔「まめ畑」、『森の生活』二七七頁以下〕

↓ダーウィン、エマソン、ジェファーズ、ラブロック、ミューアも見よ。

■ソローの主要著作

伊藤詔子・城戸光世訳『野生の果実』松柏社、二〇〇二年。

真崎義博訳『森の生活——ウォールデン』宝島社、二〇〇二年。

飯田実訳『森の生活　上・下』〈岩波文庫ワイド版〉、二〇〇一年。

ほかに佐渡谷重訳『森の生活』〈講談社学術文庫〉、神原栄一訳『森の生活』荒竹出版、などがある。

飯田実訳『市民の反抗　他5篇』〈岩波文庫〉、一九九七年。

伊藤詔子訳『森を読む——種子の翼に乗って』宝島社、一九九五年。

小野和人訳『メインの森——真の野性に向う旅』〈講談社学術文庫〉、講談社、一九九四年。

飯田実訳『コッド岬・海辺の生活』工作舎、一九九三年。

真崎義博訳『ザ・リバー』宝島社、一九九三年。

カール・マルクス
Karl Marx　1818－83

ブルジョアジーはその百年に満たない支配のあいだに、先行する全世代の生産力を合わせたよりももっと大きな圧倒的な生産力をつくり出した。自然の諸力の人間による支配、機械類、工業と農業への化学の応用、蒸気船による航行、鉄道、電信、耕作のための全大陸の開墾、運河による河川の結合、地下から魔法で呼び出されたかのような無数の人口――先だつどの世紀が、そのような生産力が社会的労働の膝のなかで眠っていると予感さえもしたであろうか。

カール・マルクスとフリードリッヒ・エンゲルス
『共産党宣言』（一八四八年）

経済学者で哲学者のカール・マルクスは、一般に、近代的共産主義を基礎づけた人であり、また社会理論に重要な影響を与えた人だと見なされている。彼はトリール〔ドイツ西部ライン州の町〕で、法律家の息子として生まれ、ボンとベルリンで法律と哲学を学んだ。政治新聞の仕事に短期間だが活発に取り組んだのち、亡命を余儀なくされ、最初はパリに、つぎにロンドンに移った。ロンドンではフリードリッヒ・エンゲルスから貧しい研究生活の経済的支援を受けた。またマルクスは著作活動でエンゲルスと広範な共同作業を行なった。彼は大英博物館で、資本主義の原理の偉大な研究書である『資本論』*Das Kapital* に取り組んだ。『資本論』は彼が死んだときには未完成で、エンゲルスがマルクスの残したメモをもとに完成させた。

　マルクスの思考の核心には、社会的経済的諸条件によって人間の生活／生命と人間の精神に加えられた損傷についての、鋭い感覚があった。それらの条件は新しいものではなかったが、上で引用した文が示している産業革命によって、いっそう悪化させられたのであった。マルクスは、資本主義経済の急速な成長は、搾取、すなわち一方の社会階級（ブルジョアジーつまり製造所や工場の所有者など、資本の所有者）による他方の階級（プロレタリアート、大まかには「労働者階級」）の搾取によってもたらされたと見た。これらの条件のもとでは、環境を含むすべてのものの価値と関係が、貨幣的あるいは商業的な価値と関係に従属させられる。現代のわれわれならば市場的価値の制覇と呼ぶだろうことが起る。マルクスはこのことが疎外、すなわち人間を、自然から、自分自身と自分の生命力から、そして自分の仲間の人間から遠ざける深い亀裂の原因だと見なした。彼の大きな願いは、人類を偏狭な功利主義的欲望と商業の宣伝によってかき立てられた欲望から解放し、われわれが自分の感覚・思考をふたたび人間らしいものにするのを助けることであった。

　マルクスの考えでは、資本主義はわれわれに、彼が生産的で自己実現的な仕事とはまったく異なる労働と呼ぶものに携わることを要求するが、そこに疎外を引きおこす資本主義固有の特徴がある。この疎外にたいするマルクスの鋭い感覚が、彼の不朽の業績のなかに存在している。彼が描いた、これら資本主義に固有な性質と自然界からの人間の疎隔との関係が、環境について考えるために彼がひきつづき重要であることのおもな理由である。

　マルクスが自然界の道徳的地位（これはたぶん、彼にはまったく意味不明な観念と映るだろう）についてどのように考えるか、また自然界にたいするわれわれの関係をどのように考えるかは、多義的であきらかではない。いくつかの場所で彼は直接に、人間による自然の搾取・開発を非難している。ある論文では、[1]彼は「私有財産と金の支配のもとで得られる自然観は、自然にたいする本物の軽蔑であり、実際に自然の価値を貶めることである」と書き、同じ論文のなかで、「水のなかの魚も、空の鳥も、地上の植物も、すべての生き物が財産に変えられてしまっていること」は許すべからざることであり「生き物たちもまた自由にならなければならない」と叫ぶ、トマス・ミュンツァーを肯定的に引用している。この種の見解は初期マルクスにのみ帰するのが普通である。しかしながら、比較的後期の一八六三年から八三年のあいだに書かれた、『資本論』の第三巻においても依然として、「われわれ」という語をここではひとつの社会あるいは国民と解釈したとしても、あるいは「同時に存在しているすべての社会を全部あわせたもの」と解釈したとしても、それでも、われわれはこの惑星の所有者ではないと強調している。われわれは惑星の「占有者、その用益権者」にすぎないのであり、「改善された状態でのちの世代に手わたさなければならない」のである。

このように書いているとき、マルクスは生態圏にたいするわれわれの責任を、「管理の職務」とする見解をとっているように見えるだろう。そして現代の環境保護派は、いずれもホーリスティック（全体論的）であることを求めるが、マルクスの言葉はときにはホーリスティックに聞こえる。「人間は自然を原材料にして生きている――つまり自然が彼の身体である――そして死にたくなければ、自然とのたえざる対話を維持しなければならない。人間の物質的生活と精神的生活が自然と結びつけられているということは、たんに自然が自然自身に結びつけられているということを意味するにすぎない。なぜなら、人間は自然の一部であるから」[2]。のちのマルクス主義思想に典型的な「弁証法的唯物論」の方法（ここで、マルクスはときどき「弁証法的」とは書いたけれども、「弁証法的唯物論」という表現はけっしてもちいなかったということに、注意をしておく必要がある）もまた、一種のホーリズムを約束しているように見える。マルクス的意味での弁証法的な思考は、事物はけっして静止していないことを自然・本性としてもっているということ、そして、どのような事態であれ矛盾および対立した状態、すなわち、そこから新しい、しばしばより良い状態が発生するところのひとつの緊張を、生みだす傾向があるということに、強い印象を受けそれらを重視する。こうして、のちのマルクス主義者たちはしばしば、矛盾と衝突を社会的な進化が起こりつつあることの徴候として歓迎した。ときには矛盾を歓迎するかれらの態度は、直接的に矛盾する命題（たとえば、「何ものも同時に完全に白いとともに完全に黒いということはない」）を維持することは論理的に不可能だということを、否定するところまでいった。ここには二者択一的（二進法的）思考（イエスかノーか、黒か白か、1か0か）が技術的合理主義の根底にあり、それがわれわれのエコロジカルな病をいっそう促進しているという現代の告発との、はっきりした結びつきがある。マルクスよりもむしろエンゲルスは、弁証法と自然を大切にすることとのあいだの関係を明白にした。そして彼は形而上学という語で、ほぼ現代のわれわれならば二者択一的と呼ぶだろうことを言い表した。「他方、弁証法は、事物とその表象、観念をそれらの本質的な関連、結合、運動、始原と結末において把握する。……自然は弁証法の証明である。……自然は弁証法的に働くのであって、形而上学的に働くのではない(3)」。

マルクス自身、しばしば自然と人間との分裂が深まることから生じる自然の「脱魔術化」を、残念に思っているように見えることがある。彼が信じるところでは、共産主義がまさにこの分裂に架橋するのであり、また共産主義は（他の多くの対立のなかで、とりわけ）この人間と自然との対立を解決するのである。「この共産主義は、完全に発展した自然主義として、人間主義と等しく、そして完全に発展した人間主義として、自然主義に等しい。それは人間と自然との対立、人間と人間の対立の真正の解決であり、現存在と本質との、客体化と自己肯定との、自由と必然との、個と類との対立の真の解決である。それは歴史の謎の解決である……(4)」。

しかしながら、ここで見たような見解をもとに、われわれが現在理解しているような環境にたいする強い感受性がマルクスにもあったと考えるとすれば、間違いであろう。第一に、彼の思考に見られるほとんどロマン派的とも言えるような特徴は、より中心的で支配的な唯物論的な特徴と整合しない。成熟したマルクスに特徴的なことは、人間と自然の神秘的な、あるいは精神的／宗教的な統一というようないかなる観念も、虚偽意識の表現、あるいは僧侶やその他の者によってかれら自身の権力基盤を守るために注入される、「上部構造」の表明として、拒否することである。彼は書いている、自然は「最初は人間にとって完全に疎遠なものとして、全能で、抗いがたい力として現れる。それとの人間の関係は、動物と同様である。また人間はそれによって獣たちと同様に威圧される」(5)。こうしてわれわれは、他のいかなる神秘化からも解放されるべきであるのと同様、自然についての迷信的な見方からも解放されなければならない。したがって、脱魔術化はわれわれの治療の名称であって、病気の名称ではない。

第二に、マルクスの労働価値説は、自然がなんらかの内在的価値を有する存在とはけっして考えられないということを、はっきり示している。自然が価値を獲得するのは、それが人間の労働によって作り変えられるかぎりにおいてである。そうでなければ、自然は端的に無なのである。「自然もまた、抽象的に、それだけとして取るならば、そして人間から切り離して固定するならば、人間にとって無である」(6)。マルクスはそこここで自然を大切にすること、自然を「私物化」しないことの重要性についてふれてはいるが、力点は人間にとっての利益に置かれており、いかなる意味においても、自然自身にとっての利益には置かれていない。根本的な観点は完全に人間中心的であり、しばしばマルクスは、自然はたんに利用されるためにのみ存在するかのように書いている。「労働者は自然なしでは、人間の外部に存在する感覚される世界なしでは、何もつくり出すことはできない。自然は、そのなかで人間労働が自己自身を実現し、活動することを可能とする、素材であり、人間労働はそれを原料として、それを手段とすることによって生産を行なうことができるのである」(7)。自然を支配することが危険であるのは、われわれがたんに自然界にたいする恐れをなくすからではなく、その結果、かわりに人間によって作られた恐れに支配されることになるだろうからである。「もし人間が、労働によってますます自然を支配し、そして産業の奇跡によって神による奇跡をますます不必要にすればするほど、それだけ人間が、技術の力と産業の方法がもたらすあの奇跡への服従のゆえに、生産を喜び楽しむこと、そして生産物を享受することが、ますますできなくなっていくとするならば、それはなんと言う逆説であろうか」とマルクスは書いている(8)。

第三に、マルクスは、土地に結びつけられ伝統的な方法で労働する人びと——われわれならば自然との結びつきがあり有意義だと考えるかもしれない、そうした人びと——と農村共同体を、ともに、反動的で迷信的とけなす明白な傾向をもっていた。彼は都市の労働者のなかに進歩の希望を見いだし、またかれらが革命の主力をなすことを期待した。彼は産業資本主義の影響を声高に批判したが、それにもかかわらず、それが古い農民経済を一掃し、人類を新しい時代に向かって前進させる必然的な段階であり、その新しい時代には資本主義の制限がふたたび乗り越えられると考えた。

われわれは、マルクスとマルクス主義がわれわれに残した環境に関する遺産について、何を言えるだろうか。ソヴィエト・マルクス主義の建設者たちが、農民的な生活様式にたいするノスタルジアをもっていたという気配はまったくない。かれらは膨大な数の人びとを犠牲にしつつ農民の集団化を行ない、工場的な農業の形式を取りいれたが、それは都市の工業化を田舎において真似たものであった。しかし、マルクスの著作を教義として取りいれた少数の社会主義共和国の、環境問題に関する失敗のゆえに、マルクスを非難するのはあまりにも単純すぎるであろう。たとえば、旧ソヴィエト圏のいくつかの場所で起こったすさまじい環境汚染や、あるいはチェルノブイリの惨劇などはおそらく、相当な程度遅れた経済体制が急速すぎる工業化を進めたことに、その原因を求めることができるだろうが、また、他の多くの要因が考慮されるべきであり、そこには多くの西側諸国が、イデオロギー的に対立していた体制にたいして自分たちが有する進んだ技術の恩恵を分かち与えようとはしなかったことが、含まれるだろう。マルクス主義とチェルノブイリを直接的な因果関係で結びつけることは、資本主義と地球温暖化、あるいはエクソンのバルディーズ号〔一九八九年にアラスカ湾で座礁。四万リットル以上の原油が流出して、二千五〇〇㎞の海岸線が汚染された〕とを結びつけるのと同様に、意味のないことである。

注

（1）「ユダヤ人問題によせて」、『マルクス・エンゲルス全集』第1巻。引用箇所は四一一頁。
（2）『経済学・哲学手稿』第一手稿「疎外された労働」、藤野渉訳、大月書店、一九六三年、一〇五頁。
（3）エンゲルス／大内兵衛訳『空想より科学へ――社会主義の発展』〈岩波文庫〉、一九六六年、五六頁。
（4）『経済学・哲学手稿』第三手稿「私的所有と共産主義」、前掲書、一四六頁。

（5）『ドイツ・イデオロギー』、『マルクス・エンゲルス全集』第3巻、大月書店、一九六三年、二六頁。
（6）『経済学・哲学手稿』第一手稿。〔実際には第三手稿「ヘーゲル弁証法および哲学一般の批判」のなかにある。前掲書、二三八頁〕
（7）第一手稿「疎外された労働」、一〇〇頁。
（8）第一手稿「疎外された労働」、一一一頁。

→マルサス、パスモア、ブクチン、バーロも見よ。

■マルクスの主要著作

宮川彰訳『経済学批判への序言・序説』新日本出版社、二〇〇一年。

飯田隆夫訳『経済学批判』〈岩波文庫〉、岩波書店、一九九五年。

岡崎次郎訳『資本論　9分冊』〈国民文庫〉、大月書店、一九八二〜一九八三年。

都留重人『マルクス』〈人類の知的遺産50〉、講談社、一九八二年。

鈴木鴻一郎編『マルクス・エンゲルス　1・2（資本論）』〈世界の名著43・44〉、中央公論社、一九七三年。

向坂逸郎訳『資本論　全9冊』〈岩波文庫〉、岩波書店、一九七一年。

藤野渉訳『経済学・哲学手稿』〈国民文庫〉、大月書店、一九七〇年。

長谷部文雄訳『マルクス資本論』1〜4、〈世界の大思想18〜21〉、河出書房、一九六七年。

花田圭介訳「ユダヤ人問題によせて」、高島善哉訳「ヘーゲル法哲学批判序説」、三浦和男訳「経済学‐哲学手稿」、中野雄策訳「ドイツ・イデオロギー」他、『マルクス経済学・哲学論集』〈世界の大思想Ⅱ―4〉、河出書房、一九六七年。

城塚登・田中吉六訳『経済学・哲学草稿』〈岩波文庫〉、岩波書店、一九六四年。

ジョン・ラスキン
John Ruskin　1819–1900

人びとが居住するのに適した都市を作るということは〔とラスキンは書いた〕「われわれがもつ住居を治療する行為を意味する。それゆえ、より多くの、丈夫で美しく、ある程度は集合化され、人びとの移動におうじて管理される家を建て、そして、その〔市街地の〕周囲は壁で囲むが、郊外のどこでも人びとが苦しんだり惨めな状態になったりすることがないようにし、都市の内側には清潔で活気のある通りを作り、外側には田野が開け、壁の周囲には美しい庭園と果樹園のベルト地帯を設け、そして都市のどこからでも、新鮮な空気に満ちた草地に出られ、地平線の見えるところまでは、歩いて数分で行くことができるようにする」、そういうことを意味する。(1)

ジョン・ラスキンは、所有欲の強い母親とワイン商人の父親のあいだに生まれた。学校へ送られるかわりに家で家庭教師をつけられた。オックスフォード大学では一八三九年に、優れた〔英語の〕詩に与えられる、有名なニューディゲート賞を受けた。彼は二十四歳で彼の『近代の画家』シリーズの第一巻を出版した。これは画家のジョセフ・ターナーの重要性を世に認めさせることになった。彼は急速に、当代一流の美術評論家という評判を確立し、のちにオックスフォードの美術学科の教授となった。彼の私生活はかならずしも幸福ではなかった。妻のユフィーミア（エフィ）・グレイは五年後に結婚が未完成*という理由で彼と離婚し、カップルの親しい友人であった画家のミレーと結婚した。三年後、ラスキンは若いローズ・ラトゥーシュに会って恋をした。〔一〇年ほどのつき合いののち〕結局彼が彼女に結婚を申し込んだとき、ローズの両親が反対し〔実らなかっ〕た。晩年彼は精神の不調を何度か経験したが、この精神の不調は、一部はこのときの失恋によって、また一部は画家のホイッスラー（彼の《黒と金の夜想曲 Nocturn in Black and Gold》をラスキンが「公衆の面前で絵の具の入った壺を投げつけるようなもの」と批判した）が彼を名誉棄損で訴えた訴訟の緊張によって、増幅された。彼は一八七九年に、オックスフォードの教授を辞職したが、これはローズ・ラトゥーシュが死んだ四年後で、法的に厳密に言えば、裁判でのホイッスラーの勝訴（ラスキンは四分の一ペニーの損害賠償金の支払いを命ぜられた）の二年後のことであった。彼の辞職と、オックスフォード大学の生体解剖援助の提案との関係**は、証明されていない。イングランドの湖水地方のコニストン湖を眺める彼の家、ブラントウッドは、多数の彼の美術と環境に関する理想を記念して、いまも立っている。

一八六〇年までにラスキンは、一方で芸術と建築との関係を、他方で自然界と社会・経済状態との関係を明確に述べた。彼は、社会の幸福を犠牲にして物質的な富を重視する当時の経済思想を批判した。そしてすべての真の経済の条件である精神的・道徳的基盤の重要性を力説した。「富の獲得のために、その源泉である道徳性を考慮することなしに、どのような指図でも行なうことができるというような考え方、あるいは、国民の行なう購買と入手に関する、一般的なあるいは専門的な、どのような法律でも制定することができるというような考え方は、人間の欠点につけ込んで人びとをだます、たぶんこれまでに最も破廉恥な愚行である」(2)。工業的大量生産のための諸条件は、人びとの感受性を破壊し、自然との調和のとれた関係を破壊している、とラスキンは論じた。大量生産の諸条件は、また、労働者を道具に、彼の指を一種の歯車のようなものに、彼の腕をコンパスのようなものに変えた。「ロゼット模様〔一種の幾何学模様〕の精確さ」を人間に要求することは人間を退化させることである。

さらに、精確さや完全さを要求することは、われわれがその一部である自然界について理解していることに反することである。自然はわれわれに、もし何かがよいものであるとするならば、不正確さと不完全さが不可欠な条件であると教えている。これが「ジキタリス原理」と呼ばれるかもしれないものである。

> 生きているものは、どんなものでもけっして厳密には完全でない、あるいは、完全ではありえない。生きているものの一部は死滅しつつあり、一部は発生しつつある。ジキタリスの花——の三分の一は蕾であり、別の三分の一は咲き終わって萎んでおり、残りの三分の一が完全に開花している——は、この世界の生命の典型である(3)。

彼が崇めた「粗野で野性的な」ゴシック建築が内に秘めているとラスキンが信じたのは、この原理である。ゴシック建築は「その大聖堂と高い山岳の峰とのあいだに山としての兄弟同士の姿」を示しており、その粗削りの、粗野とさえ言える姿は、自然のなかにあるそのモデルにたいする称賛の表れであった。真に偉大な人間は誰でも、失敗してしまう点に到達するまでは、自分の仕事をやめることがけっしてできない。したがって、そこからつぎのことが帰結する、すなわち「どんなに優れた作品であれけっして完全ではありえず、したがって、完全さを要求することはつねに芸術の目的にたいする誤解の表れである」（同書。強調は原文）と、彼は書きとめている。彼は喜んで逆説を強調する、「人間の行なう仕事は、悪いもの以外は完全ではありえない」（同書）。われわれが現代、安っぽい教育上の標語としてもちいる「優秀 Excellence」という語にたいして、彼がどんなコメントをするかぜひ聞きたいものである。

さらに、ゴシック建築は中世のギルドの仕組みが生みだしたものである。ラスキンはギルドについて、「健康で、精神を高揚させる労働」を実現するものだという、ロマン的な見方をした。ギルドは分業の観念を、それにともなう過度の専門化と競争を含めて拒絶した。かくしてギルドの労働には、その対価である賃金によって満足の獲得を可能にするだけの仕事とは反対に、内在的な満足を与える仕事が含まれていると彼は考えた。ギルドは創造性、ラスキンが発明・工夫と呼ぶものを育てる。正確さを自己目的的に要求することはけっしてなく、実用上あるいは美的に正確さが必要である場合にのみ、それを要求した。たんなる模倣はよくないとされた。大聖堂の奇怪な姿の人や動物の装飾用彫刻は、「石を刻んだ一人一人の職人の生活と自由を表している」(同書)。ここに見られるラスキンの思想は、マルクスとエンゲルスの思想にきわめてよく似ている。彼らは、工業化(産業化)によって受けた損害についての意識を、ラスキンと共有していた。産業化がもたらした弊害を弾劾するラスキンの言葉は、彼らよりもさらに激しく熱烈である。

今日ラスキンが受けている評価は、主として環境思想家としての評価であるとは言えない。しかし、社会的、経済的、芸術的な諸問題と、現在のわれわれならば環境上の問題と呼ぶであろうこととのあいだの、明確な関係を示したことは重要であり、評価しうる。それらの関係についてのいきいきとした感覚のゆえに、彼の思想をホーリスティックと呼んでも誤解を招くことはないだろう。同時に彼は、人間中心主義と自然の内在的な価値という考え方とを、安易に区別することはけっして認めないだろう。たとえのちの多くの著作家がつぎのような文からそうした区別を導き出すかもしれないにしても——

心が抱く願いは同時に眼の光である。喜ばしい気持ちでなされる、人間労働によって生みだされた豊かな光景以外に、われわれが飽きずに、たえず愛しつづけることのできるものはない。滑らかに耕された田畑、美しい庭園、たわわに実った果樹園、整頓された、素敵な、人がたえず訪れる家屋敷、活気にあふれた生活から響く人声……生活の仕方が学ばれるにつれて、結局は、すべての可愛く美しいものはまた必要でもあるということが、知られるであろう。道端の〔可愛く美しい〕野生の草花は、畑のトウモロコシと同様〔に必要〕である。森に住む〔可愛く美しい〕野生の鳥やその他の生き物は、飼われている牛と同様〔に必要〕である……。[4]

ラスキンは社会主義の発展に、一九世紀後半の美術工芸の運動に、そして広範な思想家たちに、強い影響を与えた。たとえばガンディーは、ヨハネスバーグからダーバンへ向かう夜行列車のなかで〔ラスキンの〕『この最後の者にも』を読んで、彼の人生を根本的に転換させる、深い確信のいくつかを得たと報告した。ウィリアム・モリスは一八九〇年に『ユートピアだより』を書いた。それは牧歌的でエコロジカルな調和のなかにある英国の姿を描いたもので、現代のわれわれはたぶんそれを「場違い ectopian」だと呼ぶだろう。「一九八〇年以前の緑の政治の最も重要な時期は、一八八〇年から一九〇〇年のあいだにあった」とされている。[5] その二〇年のあいだに、エディンバラ環境協会や石炭煤煙削減協会など、多くの環境保護・保全団体が設立された。ラスキンの思想は、これら多くの団体のほかに、ナショナル・トラストや歴史的建造物の保護のための協会などの設立にも影響を与えたのであった。

注

（1）*The Mystery of Life and its Arts*, 1868.
（2）*The Veins of Wealth*, 1862.〔『富の鉱脈』、『ラスキン／モリス』、八九頁以下〕
（3）*The Stones of Venice*, 1851-3.
（4）*Unto This Last*, 1887.〔『この最後の者にも』、『ラスキン／モリス』、一五一頁〕
（5）P. Gould, *Early Green Politics*, Brighton: Harvester, 1988.

＊　五島茂編『ラスキン／モリス』の「年譜」（五一五頁）によると、性的交渉がないということ。

＊＊　当時、オックスフォード大学の動物学の研究者たちが動物の生体解剖を行なおうとしたことを大学当局は許可した。ラスキンは生体解剖に反対であった。彼の辞任は大学の措置にたいする抗議なのではないかとの憶測がなされた。

↓マルクスも見よ。

■ラスキンの主要著作

内藤史朗訳『芸術の真実と教育——近代画家論原理編1』法蔵館、二〇〇三年。
内藤史朗訳『構想力の芸術思想——近代画家論原理編2』法蔵館、二〇〇三年。
宇井丑之助訳『芸術経済論——永遠の歓び』巌松堂出版、一九九八年。
福田晴虔訳『ヴェネツィアの石　第1巻〜第3巻』中央公論美術出版、一九九四年。
五島茂編『ラスキン／モリス』〈世界の名著41〉、中央公論社、一九八三年。
内藤史朗訳『芸術教育論』〈世界教育学選集〉、明治図書出版、一九八一年。

フレデリック・ロー・オムステッド　1822–1903
Frederick Law Olmsted

セントラル・パークの、建設の正当な根拠となる主目的は、人口密度の高い巨大な首都の中心部で、精神と神経をリフレッシュさせるある種の手段を、永続的に提供することにあると考えられた。**精神と神経をリフレッシュさせること**は、大部分の都市居住者が最も必要としていることであり、彼らはこの必要の多くを、適当な景観を楽しむことにより得ていることがわかっている。(1)ニューヨーク市にとってのセントラル・パークの特別の価値は……それが相当に大きいということにある。セントラル・パークにはできるだけ多くの種類の美しいものを入れるべきだ……というのは、ニューヨークの他の場所にはそれらを入れるのに十分な余地、広い土地がないからである。(2)

フレデリック・ロー・オムステッドは多くの分野で秀でていたが、とくに、ジャーナリストとして著名で、一八五二年から一八五六年にかけて南北戦争以前の南部の州を旅行し、「ニューヨーク・デイリー・タイムズ」に、社会的悪習である人種差別に関する記事を書き送った。彼の書いた本『沿岸奴隷州の旅行』(一八五六)、『テキサス旅行』(一八五七)、『遠隔地の旅行』(一八六〇)のなかで、アメリカにおける黒人の、社会的経済的な剝奪・欠乏を告発した。彼の著作は奴隷制廃止に向けて人びとの決起をうながす文書となった。一八五五年にオムステッドは、社会的、政治的、科学的、美学的諸問題を扱った雑誌である「パットマンズ月刊誌」の編集長になった。一八六六年には、彼は全国的な知識層向けの月刊誌「ザ・ネーション」の創設者の一人になった。

一八四四年から一八五二年にかけては「科学的農業」を行ない、コネチカット州のハートフォードとニューヨーク州のスタテン島にある、親から受け継いだ農場で、新しい農業方法と改良された園芸用栽培品種を利用して農業を行なった。彼は旅行中に最新の技術革新を観察し、それを記録して月刊誌の「園芸農耕者」に多くの記事を書いた。彼の本『英国におけるアメリカ人農民の旅行と談話』は一八五二年に出版された。

オムステッドはまた、改革主義の行政官としても偉大な手腕を発揮した。彼は一八五六年にニューヨーク市のセントラル・パークの初代の園長となり、公園の敷地を準備するために共和党と民主党の後援をたくみに利用してことを運んだ。南北戦争のあいだに、米国衛生委員会を設立し、指導・監督した。この委員会がもとになって米国赤十字社が作られた。

オムステッドは米国の都市に関する社会批評家でもあった。一八五六年にニューヨーク市の〈優れた作家、芸術家たちだけに加入が許された私的な団体〉センチュリー・アソーシエーションに加わり、マンハッタンのローワー・イースト・サイドに住んでいたときに、急進的な芸術家、著作家、そして宗教的指導者たち――ウィリアム・カレン・ブライアント、ジェイコブ・ライス、アッシャー・ダーハン、ヘンリー・W・ベロウズ師、ワシントン・アーヴィング、ピーター・クーパー、それにアンドルー・ジャクソン・ダウニング――のグループに加わって、貧困、粗末な衛生状態、貧困層へのサービスを行なう組織の欠如などを改善するための戦略を検討した。彼は「すべての市民のための」大規模な「遊園地」を設けることを最初に唱えた人であった。これがのちにニューヨーク市の中央公園になるのである。

これらの業績と同様に重要な意義をもつもので、フレデリック・ロー・オムステッドがなし遂げた最も著名な仕事は、公共の公園を創り出したことと、景観建築という新しい職業分野を確立したことである。景観建築は、オムステッドが、風景美術家A・J・ダウニングのもとで訓練を受けた、協力者のカルヴィン・ヴォークス*とともに基礎を作った分野で、都市における特殊なタイプのオープン・スペース〔法律で開発から守られた土地〕をつくり出すことを目的に創設された。オムステッドとヴォークスは、一八五七年にニューヨーク市の新しい公園のための設計コンテストに応募した。彼らは自分たちの主張と位置選定にもとづき、計画を「セントラル・パーク・オブ・ニューヨーク」と名づけた。三十二の応募があったが、彼らの「芝生計画」が第一位を獲得した。オムステッドとヴォークスの設計に賛成票を投じた最初の「公園委員会」は、ウィリアム・カレン・ブライアント、デヴィッド・ダドリー・フィールド、パーク・ゴドウィン、コーネリウス・グリネル、チャールズ・H・マーシャル、ヘンリー・ジェイ・レイモンドそしてラッセル・スタージスといった著名な改革者を含んでいた。これら文学上の、また芸術上の改革者たちの確固とした支持なしでは、公園はけっして実現しなかったであろう。

セントラル・パークのデザインはアメリカ特有のものであった。セントラル・パークは先例をすべて打ち砕いた。それは社会的な反響において、事業の支配力において、レイアウトと構成において、情緒的満足度において、革命的であった。それまではいかなる他の都市もそのような公園をもったことがなかった。ヨーロッパでは、公園は王室の禁猟地の名残であったり、少数の特権階級の人びとのために作られた庭園であったりして、利用は制限されていた。セントラル・パークはその規模だけであらゆる伝統を破壊した。その七七〇エーカー**という広さは巨大であり、それまで提案されたいかなる公園よりも大きく、資金とマンパワーの支出からしても巨大な事業であった。それが支持されたのには多くの理由があった。科学的には、マラリアの発生を防ぎ、きれいな空気を確保するためであった。経済的には、景気後退期に低賃金労働に雇用を提供するためであった。また土地の価値を上昇させ不動産から上がる利益を拡大するためであった。より実用的には、公園は市に新しい貯水池と配水システムを供給した。公園は汚いおんぼろの養豚農場を、きれいな盛土と、侵食をコントロールする植生に転換した。新しい小川と見かけ上の自然の水路を設けることにより、改良された積極的排水と荒天時の水管理を行なった。そして公園は、市の将来の発展にとって必要性が高い公共のインフラストラクチャーを与えた。そのインフラストラクチャーにおいて、公園は将来を予見するものであった。というのは馬車と歩行者と乗馬の交通のために、町の横断のための立体交差と公園内部の循環のための立体交差を備えていたからである。これ以後のすべての公園と同じく、セントラル・パークの計画は、健康、安全、福祉の論点に関して公衆に向かって説明がなされた。

計画はきわめて革命的であったので、あまりにも大がかりだと役人たちからは批判された。だがそれが建設されたときには、社会的、経済的に異なるすべての層の、前例のないほど多数の人から、熱狂的な支持を受けた。その景観の特徴は、ハドソン・リバー派***の画家たちが彼らのカンヴァスに捉えた風景そのものを、〔都市の公園という〕はっきりと定まった領域に写しとったものであった。フレデリック・E・チャーチ、アッシャー・B・デュランド、ジョン・フレデリック・ケンセット、そしてジョージ・イネスらの画家の作品は、当時のアメリカの芸術家たちにとっては数少ない催物の開催地のひとつであった、ニューヨークのセンチュリー・アソーシエーションの画廊に展示された。これらの作品はまさにこの〔セントラル・パークと同じ〕様式で、自然を描いていたのであった。この新しい公園を作ることをつうじて、そしてまさしくはじめて、ひとつの公園が平均的な市民のために設計された。それは民主的なことであった。ニューヨーク市民のなかでも最も貧しい人びとでさえも、以前には最も裕福な人びとにしか許されなかった自然的な景観の美しさと喜びを、経験することができた。その公園は市の中心部に置かれていることによって、またそのデザインによって、すべての階級の市民たちに活動の場を与え、また、すべての人が利用できるよう開放されたのであった。セントラル・パークは人民の公園と呼ばれた。ヨーロッパのどのモデルとも違い、これは民主的な社会のための公園であり、真にアメリカ的な公園であった。

馬車で、あるいは馬に乗って、小旅行に出かけたいと思う市民は、田舎の道と田舎の風景を実質的に楽しむことができ、〔都市の内部の〕舗装道路のがたがたいう音と、ビルの煉瓦壁のギラギラ光る表面を、ちょっとのあいだ、忘れることができる。

ウィリアム・カレン・ブライアント

セントラル・パークの建設はきわめて有益であることがわかった。ヨーロッパでは、以前は、ニューヨークは不潔で野暮ったいと考えられていたが、公園の建設によってよい評判を受けるようになった。公園は政治家たちにとっても、非常に有益だとわかった。というのは、一八五七年の不況は多くの人を失業させ、公園の建設が多くの低賃金の雇用を提供したからである。ニューヨーク市の文化施設は、公園が与える高級なイメージとよい眺望空間を獲得するため、競って公園のなかにあるいはその周辺に場所を求めた。公園はニューヨーク市の最も重要な市民のための施設、メトロポリタン・ミュージアム、グッゲンハイム・ミュージアム、フリック・ミュージアム、ミュージアム・オブ・ナチュラルヒストリー、ニューヨーク市ミュージアムなど、多くの施設を引きよせた。そして公園に隣接する土地の所有者にとっても、公園は大きな成功を意味した。というのは、一晩で土地の価値が上ったからである。

セントラル・パークの評判は、あっというまに世界中に広まった。アメリカじゅうの都市がこのタイプの公園を欲しがった。「アメリカ公園運動」が起こった。ブルックリン市が都市としては二番めに、オムステッドとヴォークスに、煉瓦用採石場跡地に新しい公園を設計するよう依頼した。採石場跡地に公園を建設するというアイデアについて多くの政治家が、「ここには何も植えることができないだろう」と発言した。だが、フレデリック・ロー・オムステッドは、セントラル・パークを作るときに身につけた、大規模に土を移動する方法と彼の農業技術を結びつけることによって、その課題を実現した。彼は石切り場の中央を「細長い牧場」に改造した。ゆるやかに起伏する傾斜した緑のひろがりの中心部に、ハドソン・リバー派の絵画に描かれた谷間と似た曲線的な窪地をおいた。すべての歩道はその窪地の空間の周囲に沿って設計されていた。さらに遠景に厚みを与えかつ段階的に表示するために、植栽も行なわれた。それは全体として壮大な構成であった。何年かのち、何百という公園を完成させたフレデリック・ロー・オムステッド・シニアーは、彼の最もうまくいった景観をもつ単一空間は、〔ブルックリン市の〕プロスペクト・パークの「細長い牧場」の空間であり、その理由は、それが絵画的・美的様式のもつすべての特徴を実現しているからだと語った。自然の特徴をすべて意図的な財産にするオムステッドの才能は、それぞれの地域に特有なすばらしい公園を生みだすと同時に、多くの都市問題の解決を可能にした。彼が委託される公共事業がより大きな、またより多岐にわたるものになるにつれて、ひとつの都市をまるごと公園システムとして組織化することが、彼の仕事になった。一八七五年のボストンのエメラルド・ネックレスは、現存の都市を再編成し、そしてブルックリンやニュートンなど、ボストンの郊外に隣接する裕福な小コミュニティのいくつかと都市部を結びつける、計画的に作りだされた公園システムであった。ここでは、オムステッドのプランはまったく違った種類の複数の公園を一緒に結びつけた。それらは1．共有地：ニューイングランドの伝統的な田園空間、2．庭園：ビクトリア公園、3．マサチューセッツ通り：両側に木が植えられ、中央で分割された並木街路、4．沼沢地：ボストン美術館、イザベラ・ガードナー・ミュージアムなどの文化施設〔を周囲に散りばめられた装飾品と見たて、それ〕にたいする、中央の空間的装飾品として、かつての湿原を再構築し、生物学的に再生させたもの、5．マディ・リバーの流れ：目ざわりな都市部の川に沿った輸送の回廊と線状の公園——その狭い一〇〇フィート〔約三〇メートル〕幅の範囲内に五種類の流通路を含んでいた、6．アーノルド・アーボリータム〔樹木園〕の敷地：研究のために伐採して作られた丘の上の敷地、7．ジャマイカ貯水池：飲料用の公共の貯水池、そして8．フランクリン・パーク：ブルックリンのプロスペクト・パークをモデルにして作られた、いちばん端の大きな地域公園。このときにはすでに、カルヴィン・ヴォークスと一緒に仕事をすることをやめていたオムステッドは、有名なボストンの建築家であるヘンリー・ホブソン・リチャードソンの参加を得て、公園のなかの多数の橋や交差点の設計をしてもらった。エメラルド・ネックレスはアメリカで最初の緑の回廊を作り、また結びつけられた公園空間を創り出した——もともとのボストン市と新たに併合された郊外とを結びつけつつ、現存の居住領域を通り、ひとつの自然地形から別の自然地形へといたる蛇のようなかたちをしたつながりである。エメラルド・ネックレスは、一〇〇年間のボストンの成長期をつうじて、都市部のすべてての開発の指針となった。一八九〇年代には、オムステッドの弟子であり協力者のチャールズ・エリオットが、オムステッドによって計画された公園システムを拡張し、五つの新しい科学的な原理にもとづき、新たな公園建設のために土地を獲得するさいの基準を提出した。飲料水を得る川の流域を保護すること。都市の住民を病気から守るために、潮の干満のある河口に備えを設けること。ユニークな美しい風景資源を保存すること。川の氾濫原〔平地で、川が氾濫したときにいつも水に浸かるところ〕にたいして設計を行なうこと。沿岸洲〔海岸線に併行して連続する長い砂洲〕を保存すること。最後の二つは、資産にたいする大規模な洪水被害を防止するためにとくに重要とされた。アメリカ独自の都市公園制度の完全な構想は、自然主義的で景観と環境保全を重視する設計指標を中心に定式化された。

この最初の時期から、景観建築の分野はさまざまな方向に発展し、「土地の建築」あるいは「土地とその上に置かれた対象の設計」、あるいは「すべての外部空間の設計」というような幅の広い定義が可能であった。セントラル・パークの設計コンテストには三十二組の応募があった。とくに建築家、プランナー、技術者、景観技術者などの多くの応募があった。一部の応募者にとっては、コンテストへの応募は、名前も、定義も、将来の発展方向ももたないテーマと職業において経歴を開始することであった。オムステッド自身、最初は手さぐりでその名前を求めていたのであった。

彼は、その職業を示すのに最も適切で、当時広くもちいられていた二つの語――建物を作る芸術である「建築 architecture」という語と、絵画芸術の用語である「風景・景観 landscape」――を組み合わせて、はじめて名づけることができたのであった。オムステッドは、公園を作ることは、風景・景観をつくり出す絵画芸術ときわめて近い関係があると考え、その職業に「景観建築 landscape architecture」という名前を与えたのだった。他のアメリカの諸都市における公園の企画をつうじて、さらに他の人がこの職業の新たな潜在的可能性を知るようになった。

フレデリック・ロー・オムステッド、……この人はニューヨークのセントラル・パーク、リバーサイド・ドライブ、ロックアウェイ、モーニングサイド・ハイツ、アーノルド・アーボリータム、ボストン・パークウェイズ、フィラデルフィアのフェアモント・パーク、シカゴ・パークス、ブルックリン・パークス、国立墓地、モントリオールのマウント・ロイアル・パーク、イェール大、プリンストン大、ローレンスヴィル大、カリフォルニア大の構内、グロートン動物園、国立動物園の設計を行ない、(また) ほかに二五〇〇の公園を設計した。(3)

セントラル・パークのあとのアメリカにおける企画で、それについて最も多く書かれたものは、大シカゴ世界コロンブス展覧会であることは間違いない。それは建築、プラニング、そして景観建築にとっての分水嶺となるできごとであった。一八九四年のシカゴ博覧会の計画において、オムステッドは、プレーリー〔草原〕派と古典派というまったく違った設計思想の両方に完全に対応できるマスター・プランを作った。マッキム、ミードとホワイト、そしてダニエル・バーナムなどの東海岸グループの古典派的、折衷的建築物にたいしては、オムステッドは、中心部に正式な手法にしたがって水盆を作り、その周囲に、建物による堂々とした統一的な都市的／市民的 urban/civic 空間を作ることを提案した。ルイ・サリヴァン、フランク・ロイド・ライト、そしてダニエル・バーレイ・グリフィンらの〔生物の形態をモデルにした〕有機的建築の流派であるアメリカン・プレーリー派にたいしては、なだらかな縁の岩礁とロマンチックな島からなるラグーン〔礁湖・潟〕・エリアを提案した。そして彼自身の自然主義的でアメリカ的な公園風景として、湖の沿岸洲エリアを提案した。〔娯楽や見せ物が連日行なわれた〕中道《なかみち》は異例の所産で、博覧会のメイン会場であるジャクソン公園と、拡大会場であるワシントン公園とを結びつけていた。これらをあわせた全体としての博覧会の景観構成は、オムステッドが遭遇した特定の問題にたいする具体的な解答であっただけではなく、多数のさまざまに異なった都市条件に適用することのできる、結合タイプの公園のシステムを創出したのであった。この博覧会の最も重要で明白な貢献は、セクションごとに、建築のスタイル、用途、営利事業、土地の形態など、さまざまに異なっているにもかかわらず、全体としての設計の凝集力を表現したということである。博覧会ははっきりと都会的であり、美の新しい都会的理想を提出した。そしてそれは、以後アメリカにおいて、都市美運動と呼ばれた。

都市美の哲学では、正式な景観建築と、型に縛られない絵画的手法の自然主義的風景とが、対位法的な主題をなしていた。そのデザインの哲学は、古典期の建築と美術を源泉とし、その合理主義的設計の方法論の基礎として美術構成の諸関係〔点、線、質量、空間、色、肌理など〕をもちいた。合理主義的美学は、東部の建築家のあいだで、とくにニューヨーク市の重要な企業のあいだで、確たるものとして認められていた。合理主義的美学は、これら東部の建築家たちと一緒に仕事をしたか、アメリカの諸都市の拡張計画に携わっている景観建築家たちと一緒に仕事をした、多くの景観建築家たちを虜にした。都市美運動的な並木道、地方公園、そして自然の河道を保全する回廊と、オムステッド・シニアーの都市公園が結果的に結びついたことが、これらの諸都市にアメリカ特有の緑のインフラストラクチャーを与えた。

アメリカの公園の設計はすべて、イギリス、フランス、イタリアのヨーロッパ的な公園とはまったく異なっていた。オムステッドは自然の風景が好きだった。そして彼の公園のなかにエコロジカルな方法を一貫して導入した。オムステッドの公園は自然の諸作用から成り立っていた。水盆のかわりに、湖や池や曲がりくねった流れや滝などの自然の水域が存在した――すべては自然の水路の表現であった。平らな草地や刈り込まれた芝生のなだらかに起伏する丘のかわりに、ごつごつした岩の峡谷やビュート〔周囲が崖になった岩山〕や地質学の対象になるような地層の露出した地形――すべて周囲の地域を表現していた――を見いだした。セントラル・パークの樹木は一種類の木からなる刈り込まれた茂みでも、ヨーロッパの公園にあるような鑑賞植物でもなくて、さまざまな種類の、異なる植生タイプの、そしてさまざまに異なる生態学的群集――すべてその地域の生態系を表現していた――の完全な収集であった。オムステッドの公園にはつねに原生自然の区域があった。セントラル・パークではそれは「ランブル」〔無計画〕という名の区域で、そこには、自然環境を全面的に完成された仕方で表現するものとして公園地を定義するために、自然の諸力が残されていた。ブルックリンのプロスペクト・パークは「いばら」という区域を含み、ボストンのフランクリン・パークは「原生自然」、そしてボストンのエメラルド・ネックレスは「沼地」という区域を含んでいた。

オムステッドは職業生活をはじめた最初の時期に、景勝地の保全の問題に取り組んだ。彼はアメリカの荘厳な風景がきわめてユニークなものであることを認識していた。彼はその風景が営利本位の開発により侵略されているのを目撃した。一八六五年、マリポーザ鉱山の監督として働いていたときに、彼はヨセミテ・フォールズの美しい渓谷を訪れた。旅行のなかには、アメリカじゅうで最も成熟したジャイアント・セコイアの巨木で有名な、すばらしいマリポーザ・ビッグ・トゥリー・グローブ〔大木の森〕が含まれていた。彼は壮大なスケールの渓谷と、谷底からはるか上方にかかった優美な滝に魅了され、そしてそれが、営利本位の伐採業や鉱山業やその他の資源採集企業によって略奪される状態を想像した。彼はアメリカの指導的な保全論者の支持も得て、連邦議会に「ヨセミテ渓谷を公共の公園としてカリフォルニア州に下付することにより、これらの土地を保存すること」、そしてこの「下付された土地」を管理するための委員会を創設することを請願し、認めさせることに成功した。その後、彼は保存委員会の最初の委員長になり、やがて、アメリカの国立公園制度の構想と基礎を作った。このことは、一般に一八五〇年から一九二〇年にかけての時期に行なわれたとされる、アメリカの〔環境・資源〕保全運動の最も重要な出来事と考えられている。ヘンリー・デヴィッド・ソロー、アッシャー・デュランド、サミュエル・H・ハモンズ、ジェームズ・ラッセル・ローウェル、アルバート・ビアスタット、ジョン・ミューアそれにジョージ・パーキンス・マーシュといった、アメリカの有名な保全論者たちが指導したこの運動は、公的なイニシアチヴと個人的なイニシアチヴの両方によってはじめられた前例のないものであり、自然資源の賢明で科学的な利用と、野生生物、森林、風景のもつ偉大な自然美の保存を行なうことを意図していた。

オムステッドは一八八〇年にナイアガラの滝を訪れた。それは少年時代の思い出をもう一度たしかめてみたいという意図からのことだった。彼は、アメリカ側とカナダ側の双方における、まったくしたい放題の商業的利用による俗化に、ショックを受け落胆した。彼はカナダの同僚からの援助に支えられ、訪問者が景観の驚異を体験できるようにするために、最初の国際公園づくりに尽力した。ニューヨーク州議会における何年もの政治的闘争ののち、限定的な保全を義務づける「土地保護」制度が作られた。一八八七年に、保護区からすべての営利事業を排除し、一般の訪問客がだれでも利用できる施設を設けるようにする、彼のプランを提出した。アメリカ側の河岸と〔ナイアガラ川のなかの〕ゴウト・アイランドにある公園地にたいする彼のプランは実行に移され、自然の生態が回復された。カナダ側の同意はすぐに得られ、営利事業の排除はすみやかに行なわれたが、そこの景観の開発は形式的なヨーロッパふうの公園スタイルのものになった。ナイアガラの滝におけるオムステッドの努力は、ニューヨーク州というひとつの州を対象範囲として定められた公園制度にもとづく、最初の公園を生みだした。またそれは、アメリカじゅうに、地域的な州立公園が必要であることを立証するのにも役立った。

フレデリック・ロー・オムステッド・シニアーにとっては、土地に関係する問題で彼の職業的な関心の領域外にあるものはひとつもないと思われた。社会改革家のオムステッドは、多数の新しい公共施設を設計した。バッファローでは、精神病院である州立収容所の計画を作った。ハートフォードでは、精神病者収容所を、マサチューセッツ州のウェイヴァリーではマックリーン収容所を、ボストンではマサチューセッツ総合病院を設計した。彼はアメリカの最も著名な大学のキャンパスでも仕事をした。イェール大学など多くの大学の改造を行ない、他の大学の拡張の計画を立て、カリフォルニアのスタンフォード大学、カリフォルニア大学バークレー校、マサチューセッツ大学アムハースト校、そしてフロリダ大学ゲインズヴィル校など、まったく新しい施設の設計を行なった。オムステッドはアメリカの定型的な居住用分譲地を再考し、商業センター、道路のパターン、密度の異なる住宅の配置の仕方、そして、当時としては最も重要でユニークなものだが、だれもが使える公共施設としての共有地など〔からなる分譲地の全体〕に新しい秩序を与えた。これらのプロジェクト、公園および公園システムの設計、そして、都市計画と私有団地の設計が、彼の時代の専門家たちにとって、景観建築という分野をかたちづくったのである。

注

(1) F.L. Olmsted and C. Vaux, *The Conception of the Winning Plan Explained by its Authors, Part Two; The Greensward Plan*, Central Park Competition, New York: New York, pp. 1-6, 1856.

(2) Olmsted, *Letter to Mr. Ignaz A. Pilat, Chief Landscape Gardener of Central Park*, Panama: 26 September 1863.

(3) Mrs Luther P. Eisenhart, *Frederick Law Olmsted: Landscape Architect, Bulletin of the Garden Club of America*, 11, September, pp. 15-20, 1938.

* もろもろの百科事典、人名辞典等によれば、Calvin ではなく Calvert である。

** その後拡張され、現在は八四三エーカー＝約三・四平方キロメートルで南北およそ四〇〇〇×東西八〇〇メートル――平凡社『世界大百科事典』。

*** ハドソン川渓谷やナイアガラの滝などの雄大な自然を描いた、一九世紀中葉の画家たち。ヨーロッパのロマン派の自然観念の影響を受け、肖像画にかえて、はじめて風景画を描いた。

→ソロー、ミューアも見よ。

■オムステッドの主要著作

Walks and Talks of an American Farmer in England, 2 vols, New York: G.P. Putnam, 1852.

A Journey in the Seaboard Slave States: With Remarks on Their Economy, New York: Dix & Edwards, 1856.

A Journey through Texas: or a Saddle-Trip on the South-western Frontier, with a Statistical Appendix, New York: Dix & Edwards, 1857.

A Journey in the Back Country, New York: Dix & Edwards, 1860.

ほかにも、各公園のために刊行された、多数の専門的なレポートがある。オムステッドは、さまざまな雑誌や新聞に健筆をふるった。加えて、同僚や友人との広い範囲にわたる往復書簡がある。これらの著述はあまりに多すぎてここでは紹介できない。

ジョン・ミューア 1838–1914
John Muir

神が作った原生自然 wilderness には世界の希望が存在する。……偉大な、生みだされたばかりで、損なわれてもいないし、改善されてもいない原生自然。われわれが気がつかないうちに、苛立たしい文明のよろいは脱げ落ち、言葉が癒してくれる。(1)

彼が愛した、人が足を踏み入れたことのないシエラ山脈について、ミューアは書いた、「シナイ山と同様に神聖なシエラの山々は、福音と同じく、代価も代償もなしに与えられている。失われるのは唯一、空だけだ(2)」。彼がおおいに称賛した古代の予言者から大型のハイイログマにおよぶ、山で生きているものと同様に、ミューアは山を体現した存在であった。「私はどうしようもない、永久に山の人間だ(3)」と書いた。そして彼が、意味とメタファー、栄光と想像的なものの可能性を発見したのは、山々のなかにおいてであった。

「山々は河川の、氷河の、そして肥土の源であるとともに、人間〔／男〕の源だ。偉大な詩人、哲学者、予言者など、その思想と行動が世界を動かした有能な人びと〔／男たち〕は、山から降りてきた」[4]。モーゼと同様、またアウグスティヌスやダマスクスのヨハネのような幻視家の古代のキリスト教徒と同様に、ミューアは彼のメッセージを、予言の純粋さと力をもった山々から届けた。彼の分厚い日誌と回想録のなかに、また彼の評判に関する公的な記録のなかに記されたミューアの人生における重要なできごとが、山々を体現した彼がこうした力強い正義の声を上げることを説明している。

一八三八年四月二一日、スコットランドのダンバーで、「広い荒野」を意味するミューアの家に、ダニエルとその二番めの妻のアン・ジルライの息子として生まれたジョン・ミューアは、その名前のとおりの、また父親の厳しい期待どおりの一生を送った。ダニエルは福音主義長老教会信者に改宗した、厳しく頑固な男で、子供の時期をとおしてずっとジョンを打擲《ちょうちゃく》した。伝記の著者のスティーブン・フォックスはこう書く、「ジョンは聖書を読み、年齢以上に敬虔になった。しかしけっして父親を喜ばせることはできなかった。終わりのない叱責と打擲で、彼の青春は、自分自身の正しさを疑うことを全然知らない専制君主〔父〕と彼の意思との、まったく不平等な争いに終始した。」[5]

エドウィン・ウェイ・ティールによれば、

若いときのミューアは父親の厳格で熱狂的な宗教によって撥ねつけられ……彼は正式な宗派にはいっさい加わらなかった。だが、彼の宗教性はきわめて強かった。森林と山々が彼の寺院となった。彼はすべての自然に崇拝者として近づいた。彼はすべてが進化していると考えた。だがまた、すべては神の手で直接に作られたものだと考えた。彼が自然を経験するときには、霊感に満ちた《スピリチュアル》宗教的な高揚が起こった。(6)

ミューアは学問を本分と見なして熱心に取り組んだ。彼の家族はウィスコンシンの農場へ移民してきたのだが、彼はここから、ウィスコンシン大学へと進んだ。大学では単位は取らなかったが、彼が必要だと感じたコースを取った。ミューアは南北戦争を忌避し、ときどき抑鬱状態になり孤独を感じた。オハイオとウィスコンシンで放浪し、仕事をした。

ミューアに転換点が訪れた。荷馬車製造工場で働いていたとき、やすりが左目に飛び込み、そして右目にその〔苦痛による〕交感作用が起こったことにより、彼は眼が見えなくなってしまった。二度と自然の美を見ることができなくなるのではないかという不安と惨めな思いに突き落とされて、「昼間は、言葉に表せないほど恐ろしかった。そして夜はもし言葉で表せるならもっと恐ろしかった。毎晩例外なしに、悪夢が私を消耗させ、怖がらせた」と彼はのちに書いた。(7)

視力を回復したとき、ミューアは三年間の「休暇」を取ることに決めた、と書いた。それは「影のなかで歩む私の後半生を、明るく照らしてくれるのに十分なだけの野生の美を貯えておくため」であった。(8) ミューアがシエラで、自分自身で行なった入信儀礼と山中での悟りが、彼の長い自己探究――〔古代ギリシアのホメロスの作品とされる漂泊の物語〕オデュッセイアに似た、北米大陸横断の旅の途中、大部分が戸外でなされた、霊感に満ち、宗教的で知的な探究の旅――のクライマックスをなした。

「はじめてシエラを見る」では、つぎのように書き出している。

私が結局カリフォルニアに行くことになる長い旅行に出発したとき、私は徒歩で一人きりで、インディアナからメキシコ湾へと、植物挟みを背にして、放浪した。……メキシコ湾からキューバに渡り、そこで数カ月のあいだ、豊かな熱帯の植物群落を楽しんだ……しかし南米行きの船を見つけることができなかった……ので、一年か二年カリフォルニアを訪ねることに決めた。(9)

一八六八年四月一日に蒸気船でサンフランシスコに着き、ヨセミテ渓谷で彼の運命に出会うことになる旅に出発した。

私のすべての放浪の旅のあとで、やはり、これまでに見た風景のなかで最も美しい風景が眼前にひろがっていた。私の足元には、カリフォルニアのグレート・セントラル・ヴァレーが横たわっていた。平らで花に覆われて、澄んだ日の光の湖のようであった。幅は四〇〜五〇マイルで長さは五〇〇マイルあった。……この広大な金色の花壇の東の境界からシエラが力強く立っていた。高さは数マイルで、きわめて荘厳な色をした輝きを放っていた。それは光をまとっているのではなく、何か天上の都市の城壁のように、全体が光でできているように見えた。(10)

ミューアはそのような原生自然のなかに、人間の精神的／宗教的な健康と強さを見た。自然は、さまざまな生物の民主制をつくり出した神の手になる荘厳な作品だという彼の哲学は、ポストモダンなディープ・エコロジー運動を生みだした。ミューアは、功利主義的な〔環境・資源〕保全運動を支えている価値観を含め、自然にたいする姿勢の人間中心主義的性格を鋭く感じとっていた。彼の心には異なる倫理――アルド・レオポルド、アルネ・ネス、ジョン・シード、そして現代のディープ・エコロジストたちを鼓舞している倫理――が働いていた。

世界は人間のために特別に作られたものであるとわれわれは教えられてきた――これは事実に合わない勝手な想定である。……なぜ人間は自分を、単一体である偉大な創造の小さな一部分以上のものだと評価するのであろうか。そして主がわざわざ作り給うた全被造物のなかのどれが、あの完全な単一体――コスモス――にとって不必要なのであろうか。われわれの自惚れに満ちた眼と知識を越えたところに住む、顕微鏡でも捉えることのできない最小の生物でさえも、それを欠けば、宇宙は不完全であるだろう。植物はあいまいで不確かな感覚しかもたず、鉱物は感覚をいっさいもたないと信じられている。そして、われわれ人間は他のものには不可能な完成した状態にあると、何の疑いもなしに信じているけれども、鉱物に分類されるものも、われわれがどのようにしてもそれとコミュニケーションをもつことができないような特別の感覚を与えられているということは、ありえないだろうか？

だが、教会的な情熱と目を眩ませるものを離れて、私は喜んで自然の永遠不滅の真実と永遠不滅の美にたち戻ろう(11)。


彼にとって、自然のなかで知ることができるそうした真実と美が、彼の問いに答えてくれると思われた。野生の自然に浸ることをつうじて人は最善の生き方を知ることができるのだ。マイケル・P・コーエンが言うように「エコロジカルな意識はエコロジカルな良心を生みだすものだ(12)」。ミューアは自分自身が原生自然のなかで深い霊感に満ちた宗教的経験を行なうことから、国民にたいする伝道の活動に移った。コーエンによれば、「彼はいまや、自分のヴィジョンを具体的な行動に移さなければならないと感じた。そして、その結果は、アメリカの民衆にたいするエコロジカルな教育と、政府による自然資源の保護、国立公園の開設、観光旅行の促進が重要だとする長期にわたるキャンペーンであった(13)。」自然を保護しなければならないという考え方に立つ運動の推進という点で、彼は彼の時代にはるかに先んじていた。多くの人がミューアを「原生自然の声」と呼んだ。そして原生自然を破壊から守ろうとする彼の情熱は、大衆的な〔自然〕保全運動を生みだした。一八九八年には、彼は大衆的自然保全運動を目的としてシエラ・クラブを創設した。

ミューアは、環境倫理と環境教育で彼にしたがう人びとにたいして、彼自身の経験の文脈における文学的、政治的そして哲学的な――顕著な影響を与えた。彼は若いころには聖書、シェイクスピア、ミルトン、スコット、そしてバーンズ〔スコットランドの国民詩人、一七五九〜九六〕の影響を受けたが、のちに彼はソローとエマソンを見いだした(14)。彼は日記をつけていたが公刊するつもりはなく、彼の最初の本が印刷されたのは、かれが五十六歳になったときのことであった。だが彼の文学上の名声はすぐにやってきた——それは世紀の変わりめにおける自然にたいする愛好の高まりと、成熟しつつあった資本主義の野放図な貪欲からアメリカの巨大な自然資源を守る緊急の必要性の結果であった。

彼の政治的影響力は、西部を保護するのに決定的に重要なアメリカ西部の大物たちを、改宗させることに専念するとともに、強まった。彼はラルフ・ウォルドー・エマソンからセオドーア・ローズヴェルトまでの重要人物を引きつれてシエラ山地の旅行に出かけた。これらキャンプ旅行のいくつかは、有力な雑誌である「センチュリー」の編集者、ロバート・アンダーウッド・ジョンソンが、ヨセミテ国立公園設立のキャンペーンを展開するというような、すごい効果をもたらした。他方、ローズヴェルト大統領は、シエラにおけるミューアとの滞在から戻った翌日に、内務長官にたいしてシエラの保護区を拡大するように命じた。

何世代にもわたって、彼の仕事は自然を保全する運動を促進するとともに、自然の真価を認める人びとの力を促進した。彼の日記はだれもがそれに近づくことができ、近づくはずである経験の力に満ちている。彼は、もし人びとが土地を救おうと思い、その土地を散策する時間を取ろうとしさえすれば、それだけで知恵がやってくると考えた。彼の汎神論的姿勢のはじまりとしてのちに有名になった、珍しいランの一種、カリプソ・ボレアーリスと彼の出会いは、そのような日記の見出しのなかに記録されている。それが書かれたのは一八六四年、ヒューロン湖の近くであった。ミューアは南北戦争に徴兵されるのを避けるために、カナダに滞在していた。

私は以前、そんなに生命に満ちあふれた植物を見たことがなかった。つまり、まったく完全にスピリチュアルであった。それはその創造主の王座に十分であるほど純粋無欠 pure であるように見えた。あたかも、私を愛し、近よるように私を手招きしている、高次の存在をまえにしているかのように、私は感じた。私はそのかたわらに座って、喜びのあまり涙を流した。(15)

原生自然の概念にたいする、またあらゆる生命の形態に向けて人間が負うべき平等な democratic 倫理的責任にたいする、そして、大きな永遠の統一体についてのエコロジカルな意識にたいする、ミューアの哲学的な貢献は測りしれない。アメリカ人のなかでは、彼以前には、ソローだけが同様の道徳的影響力をもって語った。彼のあとでは、カーソンだけが環境的な思考に同様の影響をおよぼすことができたのであった。

注

（1） 'Alaska Fragments, June-July (1890)', in *John of the Mountains : The unpublished Journals of John Muir,* ed. Linnie Marsh Wolfe, Boston, MA : Houghton-Mifflin Company, p. 317, 1938.

（2） Quoted in 'Chronology' by William Cronon, *John Muir: Nature Writings*, New York: The Library of America, p. 839, 1997.

（3） Edwin Way Teale, *The Wilderness World of John Muir*, Boston, MA: Houghton-Mifflin Company, p. 143, 1954.

（4） 'The Philosophy of John Muir', in Teale, op. cit., p. 321.

（5） Stephen Fox, *John Muir and His Legacy: The American Conservation Movement*, Boston: Little, Brown & Co., p. 31, 1981.

（6） Teale, op. cit., p. xiii.

（7） Fox, op. cit., p. 48.

（8） Ibid.

（9） Teale, op. cit., p. 99.

（10） Ibid, p. 100.

（11） Ibid, p. 318.

（12） Michael P. Cohen, *The Pathless Way: John Muir and the American Wilderness*, Madison, WI: University of Wisconsin Press, 1984, quote appears on the dust jacket.

（13） Ibid.

（14） Cronon, op. cit., p. 836.

（15） Fox, op. cit., p. 43.

→ソロー、レオポルド、カーソン、ネスも見よ。

■ミューアの主要著作

熊谷鉱司訳『緑の預言者』文渓堂、一九九五年。

熊谷鉱司訳『一〇〇〇マイルウォーク　緑へ——アメリカを南下する』立風書房、一九九四年。

小林勇次訳『山の博物誌　ザ・マウンテンズ・オブ・カルフォルニア』立風書房、一九九四年。

岡島成行訳『はじめてのシエラの夏』宝島社、一九九三年。

アンナ・ボツフォード・コムストック
Anna Botsford Comstock
1854–1930

農業者が自分の農場を正しく評価するためには、子供のように自然研究を行なうことからはじめることが絶対に必要だ。成功し、農場から利益が上がるようにするためには、自然研究をつづけることが絶対に必要だ。晩年を幸福に、満足感を抱いて、また、さまざまなものにたいする広い共感と有益な思考を十分にもって生きるためには、自然研究に結論を出すことが絶対に必要だ。なぜなら、自然研究は農業のイロハであり、その偉大な職業におけるいかなる言葉も、それなしでは語ることができないであろうからである。(1)

一九世紀の末、合衆国北東部における深刻な農業不況により、人びとは農村地帯から急速に発展しつつあった都市に向かって駆り立てられた。そのような移民の波は、ニューヨークでは一八九一年から一八九三年にかけて起こった。アンナ・ボツフォード・コムストックは、彼女の書いた『自然–研究のハンドブック』の序文のなかでつぎのように書いた。

ニューヨークの慈善団体は、田園地区——それまで知られていなかった生活状態のところ——からやってきた多数の人びとを助けることが必要だと考えた。「貧しい人びとの生活状態を改善するための連合」を運営していた博愛家たちは、「ニューヨーク州の土地は、そこに住んでいる人口を養うことができないなんて、いったいどうなっているんだ」と尋ねた。(2)これに答えて、事態改善の手段として、田舎の子供たちに農業に関心をもたせる運動が創り出された。そして「農業への第一歩は自然研究である」とされた。(3)

こうした田園地方での将来の生活にたいする実利的な関心から、アメリカの自然研究運動ははじまった。農業の重要性と田舎の価値を回復しようとする運動の中心は、ニューヨーク州イサカにあるコーネル大学であった。この大学は一八六五年の創立以来、農業に関する分野の諸問題にかかわりをもってきた。

この運動のリーダーはリバティー・ハイド・ベイリー(一八五八―一九五四)で、彼はコーネル学派の理想主義的、進歩主義的でロマン派的な思想の偉大な発信者であった。この運動の実践的な目的は「子供たちが自然に共感をもてるようにし、彼らが田園生活をほんとうに楽しみ、農場で幸福に暮らせるようになる」ことであった。(4)

コーネル大学でベイリーと一緒に仕事をし、自然研究の精神的 spiritual なリーダーであったのが、大地との幸福で親密な接触を人びとに勧誘する偉大な「改宗の働きかけ手」、アンナ・ボツフォード・コムストックであった。彼女は一八五四年にニューヨーク州の北部のカタローガス郡でクウェーカーの家族に生まれ、三歳までは丸太小屋で暮らした。この丸太小屋を彼女はよく覚えており、彼女の自伝『コーネルのコムストックの家族』のなかで書いている。農場生活と、自然の好きな彼女の母親、フィービが、若いアンナに、消すことのできない印象を与えた。アンナは、彼女の母親がある日、日没のときに言った言葉を記している、「アンナ、天国は地上よりも幸福なところかもしれない。でももっと美しいということはありえないのよ(5)」。

教育のある女性で隣人のアン・フレンチ・アレン夫人が、アンナ・ボツフォードがより高い教育を受けることになるのに重要な影響をおよぼした。彼女は新しくて近くにあるコーネル大学を選んだ。コーネル大は女性に門戸を開いていた。ジョン・ヘンリー教授とともに行なった動物学の研究では長時間二人で歩くことになり、求愛に結びついた。結婚は彼女が正規の教育を受ける妨げになったが、結果として一〇年以上にわたり科学の研究、教育、昆虫の図解に、協働で仕事をした。

彼女の探究の道は、〔当時の社会の〕文化的な制限と個人的な選択の両方によって選ばれたように見える。伝記作家のパメラ・ヘンソンは、コムストックは「科学者の親戚であった多くの女性の場合と同様に、〝裏口〟から科学に入った。そして彼女はつねに、挿絵図版、普及の仕事、子供の教育など、科学の〝周辺部で〟仕事をした」と書いている(6)。ヘンソンはコムストックの選択を説明するのに、エヴリン・フォックス・ケラー〔アメリカの生物学者、科学史家。一九三六―〕と彼女の男性主義的な客観的科学というジェンダー理論を引用している。

コムストックは、自然にたいする彼女の審美的な評価を、子供たちや一般的な読者にたいする科学的な説明のなかに組み込むことのほうを好んだ。この自然にたいする審美的な評価は、彼女が周囲の世界と結びついているという、主観的な、全体的感覚の不可欠の一部であった。アンナ・コムストックは、自然界を情緒的な仕方で経験し、彼女の周囲の生き物たちにたいして個人的な関係と責任をもっていると感じていた。(7)

コムストックはまた、大学教育を受けたアメリカの女性の最初の世代の一員として、女性を差別する社会の壁に直面した。コーネル大で一八九八年に最初に指名された女性の教授として、しばしば名前を上げられるが、大学の評議員会が肩書をとり消し、女性教授を一九一一年まで認めなかったこと、そして認めたのは家政学においてだけだったことは、あまり注目されていない。コムストックが結局再指名されたのは、一九一五年のことであった。

コーネル大で仕事をしているときに、自然研究運動をはじめた他の人びとと協働した。彼女はシカゴのウィルバー・サミュエル・ジャックマンを自然研究の父と呼んだ。ジャックマンは、子供たちは直接に触れることのできる環境についての勉強をきちんとすれば、知識という利益を得るとともに、人格的な満足も得られると信じていた。そしてこの信念は自然研究運動の歴史において、最も重要な考え方のひとつであったように思われる。コムストックは、一九〇〇年～一九二〇年の、自然研究運動が最も盛んで、かつアンナがリーダーシップを取った時期において、この考え方を貫いた。彼女は『自然研究レビュー』を編集し、アメリカ自然研究学会の会長を務めた。この学会は、いまでは一世紀以上の歴史をもつ。

自然研究は相当程度、一九世紀末の学校教育の方法論を拒否した改革運動であった。運動はのちに、対立する諸目的によって挫折することになるが、最初は運動全体に共通の目的が存在した。リチャード・レイモンド・オムステッドの学位論文「アメリカの教育における自然研究運動」によれば、「多くのカリキュラム運動と同様に、自然研究を強調して訴える運動も、発展して複雑な現象を呈した。しかしこの運動のリーダーたちのあいだでは、運動の開始にさいして、小学校の子供たちは、通常は身近な田園と定義される自然について、野外観察旅行やその他の直接的体験をとおして教えられるべきであるという前提については、合意がなされていた(8)」。

自然研究運動における取り組みと社会の状態との関係を知ることは、この運動が学校にもちこまれたときに巻きおこった反対を理解するために不可欠である。一九世紀の半ばから一八八〇年にかけての歴史の時期は、大きな社会的変化が生じた時期のひとつである。南北戦争、西部への膨脹、何百万人もの新しい移民、そして急速な産業の成長がアメリカ社会の性格を変えた。教育は、すべての子供を対象にした学校制度の導入、チャールズ・ダーウィンの『種の起源』の刊行、そして児童心理学の発達によって影響を受けた。

コムストックと彼女にとっての英雄であるジャックマンとベイリーは、自然研究運動を、ヨハン・アーモス・コメニウス、ハインリッヒ・ペスタロッツィ、ジャン＝ジャック・ルソー、そしてフリードリッヒ・フレーベルに根をもつ、教育理想と社会改革のはじまりと見なした(9)。彼女は、自然にたいする自分自身の感じ方と彼女の進歩的な社会的理想を、アメリカの新たな文化形成時期におおいに必要であった教育哲学と環境哲学のなかに、注ぎ込むことができた。

彼女の哲学は、十分に人間的な現実生活の中心部には、自然のなかに見いだされるものとしての、真理と美にたいする陶冶された空想力と洞察が存在するというものであった。独創的なエッセー「自然研究を教えること」のなかで、彼女は書いた。

自然研究は、ほんとうのことを感知し、それに注目する能力とそれを表現する力を養ってくれる。自然のなかではあらゆることが可能であるように見える。しかし、この見かけは、つねに何がほんとうであるのかについての問いによってつき添われている。世界における間違った知識の半分は、真実を発見しそれを表現する力を欠いていることによる。自然研究はあるがままの事物を見わけるとともに、それを表現することの両方を助ける。自然研究は子供たちのなかに、美しいものにたいする愛を培う。自然研究は子供に早くから色彩、形態、音楽を感知する力を与える。子供は、それが西の空に積み重なった金床雲〔頂上が平らになった積乱雲〕であれ、ニレの木のなかのコウライウグイスの羽の金色の閃きであれ、あるいは雪の上の紫色の影であれ、あるいは小さな蝶の羽の青い輝きであれ、環境のなかに存在するものは何でも見る。また、どんな音でも聞く。子供は鳥たちのオーケストラの楽譜を読みとり、それぞれのパートを聞きわけ、どの鳥がそれを歌っているかがわかる。雨のぽたぽたいう音、小川のざあざあという音、松の木で風がため息をつく音に子供は注目し、そのことによって自然にたいする愛がより深まる(10)。

彼女はまた、自然は人間の健康を守り育ててくれる看護者であり、教師にとっては若者の理解のための秘薬であり、学校教育の問題にたいする治療であると信じた。人間の自然・本性を強める自然の力にたいする敬意を、彼女は著作をつうじてくり返し表した。

科学者としての尊敬を受けるようになっていた一九一一年に、『自然‐研究のハンドブック』を刊行した。これは古典となり、多くの版を重ねた。彼女は自然の直接的な観察と接触の大切さを唱え、それが生徒と教師の心身に良い状態を生みだすということを、おおいに、ときには過剰に思われるくらい、強調した。

「自然‐研究は学校で教えられる自然愛である(11)」と、彼女は書いた。彼女は、説明なしに、世界との調和的な関係をつうじて世界を愛するようにと唱えた。自然‐研究は生徒と教師にとっての、学校の内と外における、そのような愛のための乗り物である。一九一四年のフィラデルフィアにおける講演で彼女は言った。

教えられている自然－研究がもし、子供に自然を、そして戸外を好きにさせることができないならば、そうした自然研究はやめるべきである。子供を自然に向かわせるのでなく、自然に背を向けさせることで、彼に害を加えるのはやめよう。しかし、もし教えている人の心に自然にたいする愛があるならば、危険はない。そのような教師はどのような方法によるにせよ、その子を手で優しく招くことによって、あるいは一緒に歩くことによって、その子が足の下にあるいは頭の上に見つけるものを見、そして理解するようになる道に導く。これらの道は、それが最もつまらぬ植物のあいだに入っていくものであろうが、あるいは高い空の星々に向かうものであろうが、究極的にはひとつに収束し、さまよい歩く人びとを静かな平和と希望に満ちた信仰へと連れていく。そしてこれが、自分たちがこのすばらしい宇宙の実際の活動単位であるということを十分に理解している、すべての人びとの確実な継承財産なのである。[12]

彼女がアメリカ自然研究学会の会長をしりぞくときの講演では、つぎのように語った。

自然－研究の思想はほとんど最初から、学校という範囲に納まりきらないところがあり、森林や田野の生活を愛する人びと、そしてそのなかに隠れている神秘的で驚嘆すべき事柄を喜んで知りたがる人びとの生活をも、より豊かにし、より幸福なものにした。[13]

自然研究を提唱したことで、彼女の著作は多くの人に読まれ、注目された。彼女はシャトークワ運動*でひろく講演を行ない、民衆向けの科学的な著作を出版した。パメラ・ヘンソンによれば、「コムストックの人気は、厳密な科学と、大衆的な感情および彼女の美的な才能を、融合したことにもとづいていた(14)」。

彼女は、アメリカ自然-研究の長老と呼ばれ、最終的には昆虫学と自然-研究の正教授に昇進した。そして、ファイ・カッパ・ファイ Phi Kappa Phi（全米大学生優等会）への入会を認められた。一九二三年には、女性有権者同盟が彼女を十二人の最も偉大なアメリカの女性の一人に選出した。彼女は長い職業上の人生をエネルギッシュに送ってきた。しかし、彼女といえども疲れを知らないわけではなかった。なぜ彼女は積極的に女性の参政権を求めて闘わなかったのかと尋ねられたときに、こう語った。「公立学校の教育における狭量、偏見、不公平と戦うことに私の全エネルギーを使ってしまい、闘うことに疲れたのです(15)」。

謙虚に自分を語った彼女の言葉によれば、彼女はせいぜいのところ科学の解説者であった。ケラーやその他の人びとは、彼女の言うとおりであり、その結果彼女は、西洋的な男性的科学の客観主義的な見方を引き受ける必要がなかったのだと言った。彼女は芸術家であり、かつ科学者であったのだ。彼女は象徴的な形態で、複雑な自然の力について教育を行なったのである。

こうした態度がまた、彼女が教育の改革と自然の保全を提唱することを可能にした。彼女は、アメリカにいっそう典型的な実利にたいする関心を別とすれば、人間の精神 spirit と自然にたいする愛が最もよい動機づけの力であると考えた。一九一四年に彼女は言った。

これから三世紀にわたってわれわれの子孫たちは、われわれが多くの種類の鳥を絶滅させ、多くの興味深い無害な動物たちを殺戮し、無慈悲に樹木を切り倒し、そして川の貴重な魚たちを漁りつくしてしまった犯罪行為を、ひどい愚行だと見なすことであろう。科学者たちの忠告は役に立たなかった。自然-研究運動が国じゅうの人びとに浸透してはじめて、人びとはこの絶滅行為に怒ったのだった。またそのときになってはじめて、自然保護の法律を制定し、実行するのに十分なだけ強い世論がつくり出されたのだ……あらゆる歴史のなかで改革運動は精神 spirit から生まれ、精神により導かれたということが、忘れられてはならない(16)。

彼女自身が科学教育と環境的な思考に指導的役割を果たしたことは、アメリカの保全運動にとってよい刺激になった。彼女のジェンダーも重要であった。彼女は、のちにアリス・リッチ・ノースラップからエディス・M・パッチにいたる、またロザリー・エッジからレイチェル・カーソンにいたるアメリカの多くの女性が、環境運動においてリーダーシップを取ることを可能にするのを助けた。そして彼女は、男女双方によって正当と認められる、精神的 spiritual かつ情緒的な根拠にもとづく、自然の擁護を行なったのである。

注

（1） *Handbook of Nature-Study*, p. ix.

（2） Ibid.

（3） Ibid.

（4） Leo E. Klopper and Audrey B. Champagne, 'Six Pioneers of Elementary School Science', University of Pittsburgh, Manuscript Draft, p. 299, 1975.

（5） *The Comstocks of Cornell*, p. 57.

（6） Pamela M. Henson, 'Through Books to Nature: Anna Botsford Comstock and the Nature Study Movement', in T. Gates and Ann B. Shteir, *Natural Eloquence: Women Reinscribe Science*, Madison, WI: University of Wisconsin Press, p. 116, 1997.

（7） Ibid., pp. 118-19.

（8） Richard Raymond Olmsted, 'The Nature-Study Movement in American Education', Indiana University, Dissertation, p. 2, 1967.

（9） Liberty Hyde Bailey, *The Nature-Study Idea: Being an Interpretation of the New School-Movement to Put the Child in Sympathy with Nature*, New York: Doubleday, Page & Company, p. 7, 1903.

（10） *Handbook of Nature-Study*, p. 4.

（11） Ibid., p. 3.

（12） Speech delivered at Philadelphia, 30 December 1914, entitled 'The Growth and Influence of the Nature-Study Idea'.

(13) Comstock, 'The Attitude of the Nature-Study Teacher toward Life and Death', *Nature-Study Review*, 5 (May), p. 121, 1909.

(14) Henson, op. cit., p. 128.

(15) Marcia Myers Bonta, *Women in the Field: America's Pioneering Women Naturalists*, College Station, TX: Texas A & M University Press, p. 164, 1991.

(16) Speech delivered at Philadelphia, 30 December 1914.

* シャトークワ湖はエリー湖の近く、ニューヨーク州にある湖。そのほとりの広大な施設で毎夏、数千の参加者を集め、文化の向上をめざして行なわれた野外文化講演会、夏期学校。

→ルソー、エマソン、ダーウィンも見よ。

■コムストックの主要著作

Manual for the Study of Insects, Ithaca, NY: Comstock Publishing Company, 1895.

Ways of the Six-Footed, Ithaca, NY: Cornell University Press, 1903.

How to Know the Butterflies: A Manual of the Butterflies of the Eastern United States, with John Henry Comstock, New York: D. Appleton Publishing Company, 1904.

Confessions of a Heathen Idol, originally published under the pseudonym Marian Lee, New York: Doubleday, Page, & Company, 1906.

Handbook of Nature-Study, Ithaca, NY: Comstock Publishing Associates, 1911.

The Comstocks of Cornell, with John Henry Comstock, Ithaca, NY: Comstock Publishing Associates, 1953.

コムストックはまた、『自然研究レビュー』（一九〇四－一三）にも多くのエッセイを書いた。

ラビンドゥラナート・タゴール

Rabindranath Tagore

1861–1941

私は今でもそのときのことを覚えているが、ある昼下がり、私は……突然、空に厚い、黒い雲が活発に沸いてきて、たっぷりとした涼しい影を大気のうえに投げかけるのを見た。その驚きが……私に喜びを与えた。それは自由であり、われわれが友を愛するときに感じる自由であった。(1)

ラビンドゥラナート・タゴール*は偉大な詩人であり深遠な思想家であった。彼は一八六一年五月六日、カルカッタに生まれた。彼は、宗教、哲学、文学、音楽そして絵画の分野にわたって、〔インド北東部〕ベンガル地方で最も才能に恵まれた家族に所属していた。彼は大学教育はいっさい受けなかったけれども、あきらかに学問のある人物であった。彼は教育について独自の考え方をもち、一九〇一年十二月に、古代インドの森のなかの行者の庵をモデルとした教育施設を、シャンティニケタン〔タゴール家の所有地で「静かな住居」の意味〕に設立した。彼は、東西間のコミュニケーションの通路を再開するという意図をもって、その施設をビッシャ・バラーティ〔国際大学〕と名づけた。**

彼は多方面にわたる天才であった。文学の分野——詩、短編小説、長編小説、劇——のどれを取っても、彼が内容を豊かにしなかったものはひとつもない。一九一三年には文学における彼の際だった活動が認められ、ノーベル賞を与えられた。同じく重要なのは彼の無数の評論と多数の本で、彼が社会的政治的な問題と精神的／宗教的な問題の両方に深くかかわったことを示している。彼は世界のさまざまな国をひろく旅行し、東西の文化を結びつけることに成功した。彼は一九四一年八月七日に死んだ。

決定的に重要なことだが、タゴールの詩、短編小説、そして長編小説は、本や評論と同様、われわれの周囲の「環境」を構成している自然、土地、海、大気、植物と動物にたいする彼の愛と関心を示している。しかし、環境にたいする彼の関心ないし思考は、実用的あるいは功利的な考慮によってかきたてられたのではない。それとは異なる——非功利的な——基盤から成長したものである。そしてここでわれわれは、彼の「剰余」という考え方を有効に利用することができるかもしれない。タゴールによれば、人間における剰余はその人の精神構造をつくり上げているもので、実際的な必要、純粋な効用の範囲を越え、溢れ出る。そして「われわれの日常生活の決まった筋立てを越えてひろがる」(2)。この剰余は、人間のひとつの様相である情緒的なエネルギーの源泉を指し示している。情緒的エネルギーは、それが自己利益によって、また、道徳的目的であれ実際的な目的であれ、なんらかの目的によって規制されないという意味で、「無益」であり「余分」である。われわれは、疑いもなく、実際的な必要性によって支配されている一面をもっている。だが、同時にわれわれはまた、もうひとつ別の面――精神的な面――をもっていて、われわれの創造的な衝動を満たし、〔必要以外の事柄の価値を〕認め、享受する能力を実現することを要求する。これが要点である。そしてたんに実際的な事柄の充足だけで、精神的な充足なしでは、言葉の厳密な意味で、われわれの人生は意味のあるものになりえない。これが、「剰余」という観念でタゴールが伝えたいことである。

剰余について考えぬくことが、なぜ環境がラビンドゥラナートにとって問題であるのかを知る鍵を、われわれに与える。なぜ、彼は環境が守られるべきだと考え、必要もないのにいじりまわすことに反対するのか。自然は彼にとって〔恋人のように〕大切なものである。なぜなら自然はそのすばらしい魅力的な美しさによって、他者の価値を認めるわれわれの能力を喚起し、こうしてわれわれの内なる剰余の要求を満たすことができるからである。別な仕方で表現すると、彼は自然を、審美的な価値評価の観点で、あるいはそれがどれだけ喜びを与えてくれるのかという観点で、受けとめるのである。「あらゆる点で自然は私を引きつけないであろうか――／これらの木々、這いまわる生き物たち、川、山々、そして森／濃紺の永遠の空?[3]」。これはなぜ自然環境が、それの有する「線、色および生命と運動の特別の調和」ともども、保存されるべきであるのかを、明白に説明している。[4]自然環境は保存されるべきである。なぜなら、自然環境はわれわれに美的な喜びを与えてくれるからであり、それによって自然環境とわれわれのあいだの愛の絆がたしかなものになるからである。

この審美的な根拠にもとづく環境保護論は、インドにおいてもすべての環境論者 ecologist の同意を得ることはできないだろう。ある論者はそうした議論を、自然の内在的（固有）な価値を否定する人間中心的な議論だと非難するだろう。ラビンドゥラナートにたいして、このような非難を行なうことはどの程度公正なのかを考えてみよう。厳密に言えば、「内在的な intrinsic」および「人間中心的な anthropocentric」という語の使用には、曖昧さがつきまとっている。「ある対象Xが内在的な価値をもつ」という文は、少なくとも二つの意味で理解することができる。

1 「Xが内在的な価値をもつ」は「Xが非道具的（非手段的）な価値をもつ」、つまり「Xの価値はそれがなんらかの目的にたいする手段であることのなかにはない」ということを意味すると理解されうる。それゆえ、「Xが内在的価値をもつ」は「Xが目的じたいである」ことを意味する。多くの環境主義者 environmentalist は自然の価値をこの意味で考えている。そこで、かれらの見解によれば、自然を人間のなんらかの目的に役立たせるための道具・手段としてだけ考えることは間違いである。それは人間中心的な帝国主義だろう。わたしはこれを第一の意味での人間中心主義と呼ぶ。

2 「Xが内在的な価値をもつ」は「客観的な」価値と呼ばれるものに言及している。客観的な価値とは、Xが人間の価値評価から独立にもっているものである。この意味での客観的価値の否定は、私が第二の意味での人間中心主義と呼ぶものに相当するだろう。

ラビンドゥラナートの見方は実際に、第二の意味での人間中心的な傾向をもっている。というのは、彼は人間にたいするすべての関係から離れて、価値を説明することはできないと考えているからである。それゆえ彼は「われわれが自然と呼ぶものは、人間にとって自然として現れているものである」と述べる。(5) あるいは、「実在とは……われわれがそれにより影響を受け、われわれがそれを実在と表現するものである」(6)。あきらかにラビンドゥラナートは、自然が価値をもつと言うことさえも、人間へのなんらかの言及、人間がそれにより影響を受けることへのなんらかの言及を含まざるをえない、ということを強調しようとした。この人間への言及に注意を向けることは少しも間違っていない。それは人間によって事物に価値が与えられるということを、意味してはいない。それが含意しているのは、環境論者が主張するのと同様の事実、つまり、たとえわれわれが自然にたいして、それがもっている性質のゆえに価値を認めるのだとしても、もしわれわれが「なぜこれらの性質をもつものはわれわれにとって重要であるのか、どのようにしてそれはわれわれの関心の一定の範囲に適合するのか(7)」を理解することができなければ、それはほんとうの意味をもたないという、決定的に重要な事実である。

だが、ラビンドゥラナートが第二の意味での人間中心的な態度を自然にたいして取っていると考えること(これはきわめてもっともなことだと思われる)は、彼が第一の意味での人間中心主義に、つまり自然はたんに人間の目的を満たすための手段であるという強い主張に、傾いていると考えることではない。価値は人間の価値評価を前提としているというラビンドゥラナートの論点は、価値をいかに理解するかに関する「形式的な」論点である。だがここから、或るものに価値を与えるのは何であるのかに関する「実質的な」論点である、より強い主張には帰結しない[8]。

タゴールが道具主義をけっして支持しようとしなかったことはすでに示唆したが、彼が「利害関心のないこと」という、カントと似た概念をもちいるときの彼の議論を考慮することによって、もっとはっきりさせることができる。彼は、審美的な享受について、つまり「利害関心から自由な享受」について語っている[9]。美的な観照が利害関心から自由であることは「別な世界」の観念によってはっきりさせることができる[10]。ある人の生活の拠りどころである同じ森林は、異なる地平、――生活手段に関するいかなる問いとも無関係で、いかなる実際上の関心あるいは利益とも関係のない――別な世界を、示すことができる。その場合には草の匂い、樹木の枝の優雅な動き、甘美な鳥の歌声が以前とは違った仕方でわれわれを動かしはじめる。こうして、森が想像力によって探索される審美的な瞬間、森をわれわれ人間の利害あるいは個人的な利益のために利用しようと考えることがまったく余計なことになる、審美的な瞬間が起こる。

このことは、タゴールが、冒頭の引用で示されているような、われわれが自然の美的観照にさいして入っていく自然との愛の関係を強調していることから、よりあきらかになる。ウパニシャッドの教えの影響を受け、彼は、私が誰かを愛するときには、その愛する人を有用性の観点から見るなどということを思いつくことはけっしてできない、と考える。反対に、私は私の愛する人に私自身の存在の延長を見いだす。そしてこのことは私に真の自由を感じさせる。われわれが自然を美的に経験するときに自然とのあいだにもつのは、この愛、もしくは心情の関係である。かくしてこの関係は「余分」であるにちがいない。すなわち、利害、あるいは実際上の目的の満足を越え出ているにちがいない。「われわれが世界とのあいだにもつ心情の関係には余分な要素がある」[11]。

ついでながらこの利害関心から自由であることは、また、美的評価は人により違いがあるので環境保護の根拠として効果的に利用することはできないという、環境論者によってしばしばなされる反対論に、ラビンドゥラナートが答えることを可能にしているという点で、非常に重要である。たとえ美的評価は人によって違うということを認めるにしても、われわれが環境保護の文脈において希望をもって注目できるきわめてよい意味が、そこには含まれている。利害関心から自由であることの概念は、われわれがこのよい意味を抽出するのを助けてくれる。カントが言うように、「誰かが、ある対象における彼の喜びが彼に関する利害から独立していることを意識する場合には、必然的に彼はすべての人にたいする喜びの根拠を含んでいるものとして、その対象を眺めるのでなければならない」[12]。言いかえれば、もし美的評価が、タゴールがそう考えているように、利害関心から自由であることに基盤をもつとするならば、自然は、それが私の場合において生みだすのと同じ評価ないし喜びを、他の人びとにも生みだすことができるということをわれわれが保証されているのは、きわめてもっともなことなのである。したがって、美的評価は環境保護のために役立つ非常に優れた理由を与えることができる。

私は、審美的で精神的な根拠にもとづく、タゴールの環境に関する思想を説明しまた擁護しようとしてきた。たしかに、環境思想家のなかには彼をよく受けとらない人もいるだろう。しかしまた、彼が自然の美しさを強調するがゆえに、彼を慕う著名な同時代人が、インドにも外国にもたくさんいたということも事実である。インドの偉大な思想家であるD・R・バンダルカルが、いかにタゴールの自然にたいする感受性を支持し、称賛したかを見るべきだ。「彼の詩と歌のいたるところに太陽の輝き……静かな夜、そして自然のさまざまな様相を見ることができる。……彼の心は自然にたいして最も敏感に反応する心だ」[13]。もう一人の著名な作家、中国アモイ大学のリム・ブーン・ケンも、同じように、「彼の魂は同時に、打ち寄せる波の音、鳥たちの歌声、木の葉の擦れる音……を反映したオーケストラのメロディーとエコーに、完全に調和して振動しているように見える……[14]」と書いている。そしてタゴールが行なったような、審美的な根拠にもとづいて自然を大切にすることが、いまや世界の発展した国々における主要な環境的関心事になっていることは、否定しえないと思われる。

注

（1） *The Religion of an Artist*, 1936, Calcutta : Viswa-Bharati, pp. 16-17, 1988.
（2） *The Religion of Man*, 1970, paperback edn, London : Allen & Unwin, p. 33, 1970.
（3） Tagore, 'Vasundhara', trans. in Rabindranath Choudhury, *Love Poems of Tagore*, Delhi: Orient Paperbacks, p. 55, 1975.
（4） *The Religion of Man*, p. 85.

(5) Ibid., p. 72, original emphasis.
(6) Ibid., p. 83.
(7) D.E. Cooper, 'Aestheticism and Environmentalism', in D.E. Cooper and J.A. Palmer (eds), *Spirit of the Environment*, London: Routledge, p. 103, 1998.
(8) Ibid., p. 102.
(9) *Lectures and Addresses*, ed. Anthony X. Soares, New Delhi: Macmillan Pocket Tagore Edition, p. 79, 1995.
(10) D.E. Cooper, op. cit., p. 109.
(11) *Lectures and Addresses*, p. 93.
(12) Immanuel Kant, *The Critique of Judgement*, trans. J.C. Meredith, Oxford: Clarendon Press, p. 50, 1928.〔カント『判断力批判』、阪田徳男訳『カント　下』〈世界の大思想11〉、一八〇頁〕
(13) D.R. Bhandarkar, 'My Impressions about the Poet', in R. Chatterjee (ed.), *The Golden Book of Tagore*, Calcutta : The Golden Book of Tagore Committee, p. 36, 1990.
(14) Lim Boon Keng, 'The Beauty and Value of Tagore's Thoughts', in Chatterjee (ed.), op. cit., p. 125.
＊ 我妻和男『タゴール』では、Rabindranath Tagore はロビンドロナト・タゴールとなっている。同様に本文中のシャンティニケタンはシャンティニケトン、ビッシャ・バラーティはビッショ・バロティと表記されている。傍点の読みのほうがベンガル語に忠実な読みであるという。だが、タゴールはベンガルふうに発音するとタクールになるという。タゴールという表記が定着しているので、折衷したのではないか、そしてこのような読み方は、インドの西半分で使われているヒンディー語では異なり、ここでの表記法でよいという。以上は、インド文化の研究者で同僚の森秀樹氏の教示による。ヒンディー語とベンガル語を区別して表記の仕方を分けるのはたいへんなので、あとのガンディーについての章の場合も考慮し、すべてヒンディー語ふうの読み方のカタカナ表記をすることにした。

** ビッシャ・バラーティと名づけられたのは一九二一年である。タゴールは第一次大戦期にはイギリスの植民地政策を批判する政治的行動も取ったが、また、当時インドに高まった民族主義運動の「狭隘さ」も批判した。（我妻和男『タゴール』一九四頁、一九八頁以下）本文の「東西間のコミニュケーション」の「再開」という語にはこうしたニュアンスが込められていると思われる。

↓ガンディーも見よ。

■タゴールの主要著作

森本達雄訳『死生の詩（うた）』人間と歴史社、二〇〇二年。

内山真理子訳『もっとほんとうのこと　タゴール寓話と短編』段々社（星雲社）、二〇〇二年。

森本達雄訳『人間の宗教』〈レグルス文庫〉、第三文明社、一九九六年。

神戸朋子訳『幼な子の歌』日本アジア文学協会、一九九一年。

山室静編『タゴール著作集』全11巻・別巻1、第三文明社、一九八六年。

我妻和男『タゴール』〈人類の知的遺産61〉、講談社、一九八一年。

ブラック・エルク
Black Elk　1862–1950

鳥たちは彼らの巣を円形に並べて作る。なぜなら彼らはわれわれの宗教と同じ宗教をもっているからだ。(1)

ブラック・エルクは、現在のワイオミング州にあるイエローストーン・リヴァーの支流、リトルパウダー・リヴァーの河岸で、一八六二年に生まれた。当時はイエローストーン・リヴァーは、ラコタ族*が生活する最も西の領域のなかにあった。ブラック・エルクはオグラッラの一団に属していた。彼の父も祖父も——二人とも同じくブラック・エルクという名で——祈禱師であった。彼もこの職を継いだ。ブラック・エルクが生まれたときの世界は、のちに彼が死ぬときの世界とはまったく異なっていた。それは聖なる世界であり、そこでは「二本足の生き物と四本足の生き物は親戚のように一緒に暮らしていた。そして彼らにもわれわれにもたっぷりと物があった」(2)。彼がサウス・ダコタ州のインディアン指定居住地のパインリッジで八十八歳で死ぬまでに、彼の部族の人びとが自給のために狩りをした動物たち、とくにバイソンの巨大な群れは、しだいに消えゆく思い出になっていた。四人の合衆国大統領の顔 face は、ブラック・ヒルズ山中のマウント・ラシュモアを汚損

defaceしてしまっていたが＊＊、これらの山々はラコタ族にとっては神聖な土地であった。〔一八七二年に〕イエローストーン台地は国立公園になった。そしてブラック・エルクの祖父の時代の人、ドリンク・ウォーターの予言は成就した。「お前たちは不毛の土地で、四角い灰色の家で暮らすだろう。そしてその四角い灰色の家の外ではお前たちは飢えるだろう」[3]。

ブラック・エルクが生まれた翌年に苦難がはじまった。彼は、子供のときには、一度もワシチュウを見たことがなかった（この名前は「白い white」を意味するのでなく、「数えられないほど多い」を意味する）＊＊＊が、その名前を聞きながら成長した。ブラック・エルクの母は、しばしば怖いお化けとしてその名前を唱えた、「いい子にしてないとワシチュウたちがお前をつかまえてしまうよ」[4]。彼の父はブラック・エルクがたった三歳のときに、ワシチュウたちと闘って傷を受けた。ブラック・エルクはのちに彼の部族の人びとのために闘った。そして彼の部族の人びとが敗れ、土地を追い立てられるのを見た。彼は、偉大なラコタ族の戦士のクレイジー・ホースの従兄弟であった。彼はリトルビッグホーンの戦闘〔一八七六年〕における、カスター将軍の最後の抵抗の目撃証人であった。「これらワシチュウたちはそれを欲した。彼らはそれを手に入れるためにやってきた。そしてわれわれはそれを彼らに与えたのだ」[5]。ブラック・エルクは、正義と幸福の到来を期待する全米インディアンの宗教の再興である集団舞踏、「ゴースト・ダンス」に参加した。最初は疑っていたけれども、それを着た者を弾丸から守ってくれると信じられた有名な服「ゴースト・シャーツ」を夢見、ふたたび作ったのは、まさに彼であった。ブラック・エルクはアメリカ合衆国における「インディアン戦争」の最後の戦闘、「ウーンディッド・ニー・クリーク」の闘い〔一八九〇年〕で、三〇〇人を越えるラコタ族の男と女と子供たちが虐殺された現場にいた。彼はバッファロー・ビル〔本名ウィリアム・フレデリック・コーディ、興行師〕が率いる「西部の荒野ショー」の踊り手として、イギリスとフランスに旅行した。ようするに、ブラック・エルクは、先住民たちが原始的な状態で暮らしていた北アメリカ中央部の平原に、ワシチュウの農場、牧場、鉄道、大きな道路、送電線、町、モーテル、記念塔、公園、レストラン、映画館、そしてその他、アメリカの近代文明を飾るあらゆるものが出現する転換期を生きた。そして彼は、アメリカの西部の歴史における最も伝説的な出来事のいくつかに加わったのである。

クレイジー・ホースが殺され〔一八七七年〕、平原インディアンが鎮圧され、指定された地区に居住させられるようになったあと、ブラック・エルクは、十七歳で視霊の仕事を引き受け、雷神の祈禱師としての人生を開始した。バッファロー・ビルの一座に雇ってもらう条件として彼は、二十代半ばでキリスト教に改宗した。そして彼が海外で過ごした三年〔一八八六―九〕のあいだは、誠実な心からの改宗者であったようだ。それから、ゴースト・ダンスの熱が一八八九年と一九九〇年にアメリカを席巻し、ブラック・エルクは彼がもともと先住民としてもっていた信仰に戻る気になった。一八九〇年一二月二九日に、ウーンディッド・ニーでの戦闘が、アメリカの歴史におけるエピソードであるゴースト・ダンスを終わらせた。そしてその殺戮の唯一の犠牲となったラコタ族の怒りを募らせ、かれらを精神的に頽廃させた。その後、ブラック・エルクはたいていのラコタの人びとと同様、欧米の文化に背を向け、反抗的に、伝統的魔法をつづけたが、そのため彼は居住指定地区で宣教師たちと衝突した。ウーンディッド・ニーでの悲劇の心理的精神的な傷が癒え、一九世紀から二〇世紀に代わったとき、ブラック・エルクはゆっくりと彼の魔法の実践と、それが埋めこまれている宗教的な世界観を放棄し、カトリックの信仰と近代的なものを受け入れていった。この転換は、彼の最初の妻のカティー・ウォー・ボネットによる励ましを受けて、起こったことかもしれない。彼は一九〇四年に洗礼を受け、ニコラスという名前を与えられた。

なによりも、ブラック・エルクは宗教的な天才であった。彼はカトリック教会の聖ヨセフ協会に属する伝道師としての仕事にこの才能を傾け、他のラコタの人びとにかれら自身の言葉で福音をひろめた。つぎの一〇年間、彼は先住民の巡回説教者のようなものとして大平原を旅した。脆弱な健康（彼は結核を患っていた）と視力の衰えとから、ブラック・エルクは旅行をやめ、パインリッジ指定居住地に落ち着き、大きな家族の長として、教会の柱としての役を果たした。彼の質素な家はカトリック信者の社会生活の中心となった。宣教師たちは、ラコタの人びとを異教の暗闇からキリスト教と文明の明るみへと導くことにかれらが成功したのは、ブラック・エルクのような模範的な人物がいたからだと誇らしげに語った。

一九三〇年八月、ジョン・G・ニーハートが彼の叙事詩集『西部の年月』Cycle of the West の最終巻を書くために、ゴースト・ダンスとウーンディッド・ニーの殺戮に関する情報提供者を探してパインリッジにやってきた。彼はブラック・エルクのところへ行くようにと言われた。ブラック・

エルクが予見を行なうシャーマンの伝統的なやり方で霊が指示した弟子を求めており、ニーハートがやってくることを予期しているからというのが、その理由であった。二人はただちに彼らが非常に強い親近関係をもっていることを発見した。その日の夜ブラック・エルクは言った、「お前に教えることがたくさんある。私が知っていることは人びとのために私に与えられたのだ。そしてそれは真実であり美しい。やがて私は草の下になり、その知識は失われる。お前はそれを取っておくために遣わされたのだ。だから、私が教えることができるように、お前はもう一度ここへこなければならない」(6)。ニーハートはつぎの春ふたたびやって来た。だがそれは彼自身の行動計画を実現するためではなく、ブラック・エルクの計画を実現するためであった。特別のテント小屋 teepee が建てられた。そのなかでブラック・エルクは何日間にもわたってラコタ語でニーハートに語った。ブラック・エルクの息子のベンジャミンが通訳をした。そしてニーハートの娘のエニッドとヒルダがその通訳された言葉を記録し、のちに二人がそれをもとにタイプ原稿を作った。それからニーハートが、彼の文学的手腕に頼ってこれらのインタビューを『ブラック・エルクは語る』へと練り上げた。これはアメリカ文学の最大の業績であり、脱植民地主義的アメリカ・インディアン文学のジャンルの典型例である。ラコタ出身の哲学者で活動家のヴァイン・デローリア・ジュニアによれば、この本はブラック・エルクの意図したこととそれ以上のことを実現している。「この本の最も重要な側面は……平原インディアンの信仰から何かを学びたいと思っている、インディアンではない人びとにたいして与える影響ではなく、普遍的真実を構成するものの根源を熱心に捜し求めている、現代の若い世代のインディアンたちに与える影響である。これらの人びとにとっては、この本は北米全部族の聖書になっている。……今日、この本は、インディアンの宗教に関する集りに出席し、何人ものインディアンから話しを聞こうとするならば、この本の正確な箇所を思い出すことができなければならないほど重要なものになっている。というのは、「真にインディアン的」である信仰をはっきり説明し、それを鼓吹しようと努力している現代の人びとは、すべてこの本の諸部分から影響を受けているからである。」(7)

『ブラック・エルクは語る』はたんにニーハートのロマンティックな空想の産物ではないかと疑うのは、間違いである。一九三一年のタイプ原稿は、ミズーリー州立大学の記録保管所にあるニーハートの書類のあいだに保存されていて、一九八五年に出版された。これと比較してみると本が忠実な翻訳であることがわかる。ニーハートの貢献は、事実、純粋に文字化することであり、語られたものを編集し、簡略化し、散文の形を与えたことである。実際にニーハート自身の評価において、『ブラック・エルクは語る』は「すべてインディアンの意識から発したことについての……これまでに書かれた最初の純粋にインディアンの本」(8)である。彼の「偉大な透視力」——宣教師の宣伝もワシチュウすべてのことも何も知らない、たった九歳の子供のときに授かった——の「力」と「真実性」についての、胸をしめつけるようなブラック・エルクの説明は、どのようにしてのちの彼の、けっしてまちがいだったと認めることのなかったキリスト教への献身と和解させることができるのかは、はっきりしないままである。そのことについてのニーハートの質問への回答のなかでは、彼はたんに「私の子供たちがこの世界のなかで生きていかなければならなかった」としか語っていない。[9]『ブラック・エルクは語る』は、それゆえ、額面どおりに——伝統的なラコタ族の人びとの世界観(たとえすべての部族の世界観ではないにせよ)を覗くための窓として受け取られるべきである。

ではわれわれがその窓をとおして覗いたときに、何が見えるだろうか? 強力な環境倫理を含む多くのすばらしいものが見えるのである。

ラコタの世界観は、かれら先住民に完全に固有な indiginous ものであったが、原始的 aboriginal だとは言えない。一八世紀にはラコタ族は、五大湖の西の地域の森林地帯に住んでいた。かれらは、アメリカの東部沿岸部の膨脹するヨーロッパ人の入植が引きおこした一種のドミノ効果で、アルゴンキアン語系言語を話すオジブワ族によって平原に押し出された。かれらは、すでに当時確立されていた、そしてそれじたいコロンブス以後の現象であった、馬に乗ってバイソンを狩る平原文化をすみやかに取りいれた。確実なバイソン狩りには馬が必要であった。馬は北米大陸で進化したのだが、一万年前には西半球では絶滅してしまっていた。スペイン人が馬を再導入し、そして飼育種が北米の広大な草原で野生馬の固体数をふたたび増やしたのである。それは内陸地のインディアンによって歓迎されたが、以前のように、狩りの獲物としてではなく役畜として、そして戦争や狩りの追跡のさいの相棒として歓迎されたのであった。さらに、ラコタの人びと自身、自分たちの聖なるパイプの宗教が、それを彼らに与えた白いバッファロー‐雌牛‐女という神話に起源をもつ、歴史的には新しい最近のものだということを認識していた。

ラコタの世界観は、比較的特徴のない大平原の広い空間から生まれ、それを反映していた。それは六つの要素――空、大地、それに基本的な方角：西、北、東、そして南――からなり、それぞれは人格化され「力」をもっている。『ブラック・エルクは語る』は、祈願と聖なるパイプの象徴するものについての説明ではじまっている。

ここにあるパイプの柄に四本のリボンが下がっているが、それは宇宙の四つの角である。黒いリボンは西を表しており、そこには雷神が住んでいてわれわれのところに雨を送り届けてくれる。白いリボンは北を表しており、そこから偉大な白い浄めの風が吹いてくる。赤いリボンは東を表しており、そこから光が発するとともにそこには明け方の星が住んでいて、人間に知恵を与えてくれる。黄色いリボンは南を表し、そこから生き物を育てる力と夏がやってくる。(10)

ラコタ族の集団に伝承された世界観がそうであるのか、あるいは、その伝承のブラック・エルク自身の個人的な解釈がそうであるのか、いずれにせよ、非常に抽象的で洗練されている。というのは、多数性のなかに統一が存在しているからであり、ある研究者はそれを、ヴェーダのヒンドゥー哲学におけるブラフマンの概念、キリスト教神学における三位一体（一つの神、三つの位格）の神秘、そして近代初期におけるヨーロッパの哲学者スピノザの一元論と比較している。(11)統一する概念はワカン・タンカ、「大きなスピリット」であり、ブラック・エルクはそれをしばしば「祖父／大きな父」と呼んだ。

だがこれら四つのスピリットは結局ただひとつの〔大きな〕スピリットである。そしてこのワシの羽はあのスピリットを表している。……大空は父で大地は母ではないか。そして足や、翼や、根をもったすべての生き物は、大空と大地の子供ではないか。このパイプの口金についている、バイソンの毛皮から作られる皮は大地を表している。大地からわれわれは生まれてき、赤ん坊としてその胸からわれわれの全生命を吸う。すべての動物、鳥、木、草とともに。(12)

こうして、要約すると、空はあらゆるものの父であり、大地はあらゆるものの母である。四つの角（しばしば風とも呼ばれ、それぞれ特定の色と結びついている）は、特定の力をもったスピリットである。だが、すべてが（父と区別された）「大きな父」のスピリット、ワカン・タンカ、「大きなスピリット」のなかで結びついてひとつになっている。

この世界観が環境倫理の基礎であり、そしてそれは『ブラック・エルクは語る』のなかできわめてはっきりと述べられている。ただし、特徴のある仕方で単純化され、簡約化されているが。これらスピリット一つ一つの名前と、それらを特定の表れとする「大きなスピリット」の名前が唱えられたあとで、ブラック・エルクは祈る。「存在するすべてのものの親戚である、柔らかい大地を歩く力をわれに与えよ！」[13]。ブラック・エルクの祈りの言葉は、父なる空と母なる大地のすべての子供たち――人間である動物、人間以外の動物あるいは植物たちが、たがいに家族として平等であることを、あたりまえのこととして含意している。人間存在は、ただ足の数において、あるいは翼や根がないという点で、他の生き物と違っているだけである。さらにこの平等主義が、短く簡潔に、はっきりと言明される。「大地のどこでも生き物の顔はみな同じである[14]」。良いことにおいても悪いことにおいても、二本足のものも四本足のものも、この土地に生まれついたものは運命を共有している。「ワシチュウがやってきた。そして彼らはわれわれ人間にほとんど土地を残さず、また他の四本足のものたちにもほとんど土地を残さなかった。なぜなら、ここに住むものたちのまわりにワシチュウの洪水の高波が押しよせ、土地をかじり取ったからだ[15]」。

　ラコタ族の環境倫理は、一九四九年にアルド・レオポルドが定式化した、周知の「土地倫理」と似ているが、また重要な点で違ってもいる。レオポルドの土地倫理は、自然に関する社会モデル――ラコタの環境倫理と同じく平等主義的で、そこでは人間存在は「生物コミュニティ」の「たんなる一員であり市民」にすぎない――に基礎をおいている[16]。だが土地倫理における自然は、ひとつの大きな社会と表象されているのにたいして、ラコタの環境倫理では、自然はひとつの大きな家族として描かれている。生態学的な「コミュニティ概念」にしたがえば、それぞれの種は自然の経済のなかでひとつの地位、役割ないし職務をもつ。ちょうど人間社会の小宇宙に、農夫やトラックの運転手や医者がいて、それぞれ特定の仕事に専門化しているのと同様に、自然界の大宇宙には生産者（緑の植物）、消費者（すべての種類の動物）、そして分解者（菌やバクテリアなど）がいる。人間のコミュニティにおいて特権的なメンバーがいないあり方が、人間‐対‐人間の〔平等な〕倫理を生みだすように、レオポルドにしたがえば、生物コミュニティにおいてわれわれが「たんなる一員である」ありかたが、土地倫理を生みだす。しかしながら、ラコタの環境倫理においては、自然にたいする人間の関係性はもっと親しく、温かいものであるように見える――ちょうど、われわれの家族のメンバーにたいする関係性が、自分と同じ都市あるいは国家に属する他の市民にたいする関係性と比較してより親密であり、また家族にたいする義務は他の市民にたいする義務よりももっと強制的であるのと同様である。たぶんわれわれは、ブラック・エルクの環境倫理を「土地」環境倫理ではなく、「家族」環境倫理と呼ぶことができるだろう。

注

（1）*Black Elk Speaks, Being the Life Story of a Holy Man of the Oglala Sioux*, p. 199.
（2）Ibid., p. 9.
（3）Ibid., p. 10.
（4）Ibid., p. 13.
（5）Ibid., p. 127.
（6）Ibid., p. 10.
（7）Vine Deloria, Jr, 'Introduction', *Black Elk Speaks, Being the Life Story of a Holy Man of the Oglala Sioux*, Lincoln,

NE: University of Nebraska Press, pp. xii-xiii, 1979.

（8） John G. Neihardt to Julius T. House, 3 June 1931. *The Sixth Grandfather*, p. 49.

（9） Ibid., p. 47.

（10） *Black Elk Speaks*, p. 2.

（11） *The Sacred Pipe*.

（12） Ibid., pp. 2-3.

（13） Ibid., p. 6.

（14） Ibid.

（15） Ibid., p. 9.

（16） Aldo Leopold, *A Sand County Almanac and Sketches: Here and There*, New York: Oxford University Press, p. 204, 1949.〔アルド・レオポルド／新島義昭訳『野性のうたが聞える』森林書房、一九八六年、三一九頁以下〕

* 先住民は一五世紀末には五〇〇万あるいは一〇〇〇万人いた。アパッチ、ナバホ、ホピ、シャイアン、ラコタなど五〇〇以上の、独立した部族からなっていた。ラコタ族はスー族ともよばれ、（現在の指定居住地人口で）ナバホについで米国で二番めに多い部族。（阿部珠理『アメリカ先住民の精神世界』ＮＨＫブックス、一九九四年）

** ラシュモア山の岩壁には、ワシントン、ジェファーソン、セオドーア・ローズヴェルト、リンカーンの四人の大統領の顔が刻まれている。

*** スーザン・小山『アメリカ・インディアン　死闘の歴史』（三一書房、一九九五）では、「ワシチュウ」は白人を意味するラコタ語だとされる（二四五頁）。だが「リトル・クロウが言ったように、「白人はいなごのようなもの」だ……。誇り高い平原部族の真の敵は、戦闘能力ではなく、ワシチュウの数の多さだった。」という記述もある（二四九頁）。

→レオポルドも見よ。

■ブラック・エルクに関する主要著作

Neihardt, John G., *Black Elk Speaks, Being the Life Story of a Holy Man of the Oglala Sioux*, New York: Morrow, 1932.

—— *When the Tree Flowered: An Authentic Tale of the Old Sioux World*, New York: Macmillan, 1951.

Brown, Joseph Epes, *The Sacred Pipe: Black Elk's Account of the Seven Rites of the Oglala Sioux*, Norman, OK: University of Oklahoma Press, 1953.

DeMallie, Raymond J. (ed.), *The Sixth Grandfather : Black Elk's Teachings Given to John G. Neihardt*, Lincoln, NE: University of Nebraska Press, 1984.

フランク・ロイド・ライト
Frank Lloyd Wright 1867－1959

それでは、建築と何か。それは自分の大地を所有する人間である。建築は人間の唯一の真の記録である。……人間が大地に忠実であった間だけ、人間の建築は創造的であった。(1)

フランク・ロイド・ライトはアメリカの建築家で、彼の初期の設計／デザインは、一九〇〇年ごろの近代建築の出現のための触媒の働きをした。そして彼の七十二年の建築家としての生涯は、二〇世紀の建築にたいして一人の人間が与えたものとしては最大の影響を与えた。彼が死んでから四〇年たった今日、ライトは世界で最も有名な建築家であり、ユニティ・テンプル、フォーリングウォーター、グッゲンハイム・ミュージアムなど、彼の設計した建物には、二〇世紀に建てられた建築物のうちで最もよく知られた作品が多数ある。

ライトは一八六七年にウィスコンシン州、リッチランドセンターで、自然研究とユニテリアン派の信仰と、アメリカ超越主義哲学の思想が非常に強く支配している家族に生まれた。大学での正規の訓練はまったく受けなかったけれども、二〇歳のときに、ライトはシカゴへ移り、建築の実際の仕事に入った。「有機的」建築の発展と超高層建築のリーダーであった、ルイス・サリヴァンのオフィスで五年間働いたあと、一八九三年に自分自身のオフィスを開いた。それからの六十六年間、ライトは六〇〇を越える作品を設計し、建築の革命を起こしたと、現代世界のわれわれは理解している。

ライトは自然 Nature を理想化し（彼は自然を大文字のNで綴った）、人間の作品の絶対的な参照枠かつ評価の規準だと見なした。自然は生活を送るための倫理的原理の源であるとともに、建築デザインのための形にかかわる原理の源でもあった。ライトはこの自然解釈の基礎を、アメリカの超越主義の思想家たち、ウォルト・ホイットマン、ヘンリー・ソロー、ホレイショー・グリーノウ、それに最も重要な、彼の敬愛したラルフ・ウォルドー・エマソンの著作においた。超越主義者たちは、物質界と精神界は分離することができず、実際には同一であり、これが根本的な事実だと考えた。彼らにとって、自然は神的秩序の理想的現われであった。エマソンは彼の読者に向かって、「自然を人間の永遠の相談相手と考え、自然の完全さをわれわれ人間の偏りを知らせる正確な規準と考えるよう」求めた。(2)

自然的なものであれ、人間が作ったものであれ、すべての物理的な事物は、精神によって考えられたこと spiritual thought の結果であり、また精神による思考にたいして影響を与える――つまり、すべての形は道徳的意味をもつ、と彼らは考えた。「すべての形は性格の結果である」(3)とエマソンは言った。そしてライトは、人の性格はその人が住む場所の形と構成の結果であると信じた。「このことを十分意識するにせよしないにせよ、現実に人びとは、彼らがそのなかに、あるいはそれとともに住む事物がかもし出す「雰囲気」から、精神的な支えと身体的栄養物を引き出す。人びとは、植物が、それが植えられている土に根を生やしているのと同様に、それら事物のなかに根を生やしているのだ(4)」。

ライトの建築デザインの形にかかわる原理もまた、自然界から引き出されたものであった。彼は子供のときに、夏のあいだ叔父の農場で働いた。この性格形成期の経験は、ライトの自然にたいする愛と敬意を生んだ。ライトが受けたフリードリッヒ・フレーベル幼稚園の訓練は、彼のこの自然にたいするナイーブな愛を、形を作る正確な方法へと転換させた。自然から学んだことを基礎にして、フレーベル幼稚園の訓練は子供であるライトに、すべての自然の形のもとにある幾何学的な基本形を探すことを教えた。こうした訓練は、のちにサリヴァンと一緒に行なった、自然に基礎を置く装飾の研究により補強されたが、彼はそれを発展させて、建築デザインとは自然のもとにある幾何学的形態を発見し、それをもちいて建造することだという定義を生みだした。ライトは、人間は表面的印象をコピーするだけでは、自然から学ぶことはできないと信じていた――自然のもとに存在する構造と幾何学こそが、建築術にたいする自然のほんとうの贈り物であり、それは自然の形とそれを決める機能を綿密に分析することによってのみ発見される。「有機的」建築の理想は、最初、ホレイショー・グリーノウにより彼の一八五二年の論文「形態と機能」のなかで提示され、その三十五年後にライトの師、ルイス・サリヴァンによって「形態は機能にしたがう」と定義された。そしてライトによって、「形態と機能はひとつである」と再定義された。ライトは、幾何学的な形態と彼が自然の研究において見いだした生命を与える機能との、完全な融合を達成した建物の建築を追求した。

しかしライトにとって、設計のための幾何学的秩序の理想的源泉としての自然（ホイットマンの言う「率直な神聖視」）は、彼が仕事をするように求められた特定の敷地や風景と混同することはできなかった。理想と見なされる自然は神聖なものであるのにたいして、人が住んでいる風景はつねに設計の力により救済・改善される必要があった。ライトは建築のために選定された敷地はすべて、人間の手により触れられないままにしておくことはできないと信じていた。世界で最も有名な現代的な家である「フォーリングウォーター（落水荘）」はライトにより一九三五年に設計されたが、それが建てられている敷地は、今日訪れるほとんどの人が「人手が加わえられてない wild、自然な」敷地だと思いこんでいるが、実際には四〇年以上もまえから人が住んでいた場所である――この最も「自然な」家それじたいが、まえから存在した道路によって横断された丘に立っているのである。ライトは、人間は根本的に自然を変えることなしには、自然界に家を建て、そこに住まうことはけっしてできないと信じていた。だが、もし建築家が自然のもとに存在する幾何学的秩序をもちいて仕事をすることができれば、その家が作られた風景を、それ独自の仕方で、人の手の加えられていない自然と同様に、美しくすることが可能であると感じていた。

ライトが作った建物の圧倒的大多数は、アメリカの郊外に建てられた。そこではもともとの風景は小さな土地に区画され、格子状の道路やさまざまな施設が設けられた。そして、しばしばもともとあった樹木や植生は大部分、家が建てられるまえに取り除かれてしまっていた。これらの郊外は実際、「自然な」場所どころではなかった。自分の設計した家を一八八九年に建てた、シカゴの郊外オーク・パークにおける仕事を皮切りに、彼の仕事上の歩みの最初から、ライトはアメリカの郊外に家を設計する建築家の仕事を、失われた自然の調和、つまり、人間が居住することによっていまや根本的に変えられてしまった自然を再構成することだと考えていた。ライトにとって、人間は自然の不可欠な一部である。「人間は太陽の下の大地に建物を作るときにはいつでも、創造に積極的に参画するのである。もし人間が生まれてくる権利をともかくもっているとするならば、それは本質的につぎのことのうちにある。すなわち、人間は自己の存在を自然に負っているが、その自然の岩、樹木、クマ、ハチなどと同様、人間もまた風景の姿・形の一部であるということが、それである」(5)。

こうしてライトは、建築デザインを、風景と風景を引き込む建物の両方を包含するものと考えた。一九〇〇年から一九一五年に作った「平原の家」は、米国人の手による最初の重要なデザインの革新であるが、そこには同時に（注目されることは稀だが）風景への関係の同じように革新的な戦略が含まれていた。ライトの「平原の家」はしばしば郊外の土地の端に位置していた。そして、庭が敷地の幾何学的中心を占めることを許し（普通、中心部は家そのもののために取っておかれる）、内部の空間と外部の空間が一緒に織り合わされ、家と風景がおたがいに分かちがたく結びつけられた。もっとずっとのちの近代建築に典型的なことだが、ライトは、その職業上の経歴の最初から、風景のなかに自由に立っている対象ではなく、家と風景のどちらも相手の存在なしではけっして完全なものに見えないような、両者が強い相互依存性をもった家を建築した。

ライトの倫理は、建築術と風景の両方、そしてそれらのなかで起こるすべてのことを包含する、真に有機的なデザイン倫理であった。「建物とはその壁の内側でなされる人間生活のための背景または枠組みであり、その外側でなされる自然の開花のための背景または枠組みである。人間と自然のあいだの和音の真の調和を生みだし、維持する……というこれらの理想は、建物を学派の枠から連れ出し、地面と結婚させる[(6)]」。ライトのすべての設計は、居住の根源的な場所としての風景がもつ、形を与える力を、具体化することによって開始される――建物は文字どおり、それがその上に建てられることになっている土地とともにはじまる。「有機的な建物がその敷地から成長し、その土地・地面から光のなかへと出ていくことは、有機的な建物の自然・本性である――土地・地面そのものはつねに、建物の構成要素であり基礎をなす、建物の一部と考えられている[(7)]」。

ライトは、建築はそれを構成する「素材の自然・本性」によって決定されると、信じていた。空間が経験される仕方は、その空間が作られ、あるいは構成されている仕方に直接的に関係すると信じていた。ライトは自然の基礎的構造（樹木を基礎とする、片持梁りで支えられた摩天楼*）と、自然の生きた素材の両方をもちいて建築を行なった。素材を自然の状態で、つまり、近くの採石場から切り出されてきた石であれ、コンクリート製の装飾ブロックであれ、あるいは製材工場で切られた材木であれ、素材が固有の色と肌理を示している状態で、そして、素材を自然から取りだし、それを建築にもちいるために準備する過程には、必然的に切断し形を与えることが含まれるが、その跡を示している状態で、もちいた。ライトは素材が居住者の空間的経験に、その素材特有の性質にもとづく貢献ができるような仕方でもちいた――「自然な家」とは文字どおり自然を素材にして作られた家であった。このようにして、ライトは、彼の作る建物はその内部においてもその外部においても自然な場所であり、真に人間が自然のなかでくつろぐことができる、そのような場所だと信じた。

ライトにとって、建築とは、文字どおり自然における人間の場所であり、大空の下での、地球上での、われわれ人間に特有の住まい方なのである。依頼された仕事がいかなるものであれ、ライトは――自然のなかにおける人間、人間における自然の――つねに調和のとれた状態を設計した。ユニティ・テンプル〔ユニテリアン派教会の建物〕、ジョンソン・ワックス〔の本社ビル〕、そしてグッゲンハイム・ミュージアムなど都市の公共建築物においては、天窓の「自然な」幾何学的形態を通過した太陽光が上から垂直に差しこみ、都市のど真ん中に自然を取り入れていた。クーニー・ハウス、ロビー・ハウス、そしてジェイコブズ・ハウスなど郊外の個人住宅では、広く前方に突き出た屋根のひさしに遮られた、水平方向の見晴らしが周囲の風景に向かってひろがり、自然が家の中心部にある炉辺へと常時取り入れられていた。都市の公共の建物には太陽の弧が、そして郊外の個人住宅には地面の水平線が与えられていた。つまり空と水平線、それぞれ自然界の境界線をなすものが、ライトによって日常の住空間のなかへと取り入れられていた。

ライトは、日常生活が自然と直接的に交わりつつ営まれることは不可欠であり、また建築物は自然のなかの場所として設計されねばならないと考えた。また彼はエマソンやソローにしたがって、人間は自然の産物であるので、自己の本質的な自然・本性を知ることができるのは、自然の風景に規則的にまた親しく触れることによってだけであると信じた。アメリカの民主主義の実験は、すべての市民が自然と親しく触れる生活を行なう機会をもたなければ、究極的には失敗するだろうと感じていた。落水荘を設計したのと同じ年の一九三五年に、ライトは、増大しつつあった米国の中流階級のために、適度な値段の家の原型である「ユーソニアン」・ハウスの第一号を設計した。ユーソニアン・ハウスは平面図ではL型で、郊外の〔一般に正方形の〕敷地の二辺の枠をなし、庭がその敷地の中心であるとともに家それ自身の空間的構成の中心でもあるように作られていた。光をたっぷりと受けたその庭は、家とそのなかで営まれる生活の焦点であった。ライトは「建物が庭になるのと同じくらい、庭が建物になるようにし、また空が地面そのものと同じくらいその家における日々の屋内生活の重要な特色になるようにしようと努力した(8)」。

ライトが家の設計によって、したがってまた、風景の等高線を平坦化したり気候を機械的に調節したりすることに反対することによって、追求したのは、自然のなかで生起する生活であった。「私にとってエアコンディション装置は危険な環境である……。自分に合った特別の人工的な気候に固定しようと努めるよりも、自然の気候に自分を合わせる生活のほうがずっとよいと考える。気候は人間にとって何か重要なものを意味する。気候はそのなかで生活を営む人にたいする関係において、何か重要なものを意味するのだ」(9)。ライトが建築家として仕事をはじめた最初から追求した、彼の建てる家の顕著なエネルギー効率と的確な太陽への定位は、それまで実際の建築には見られたことがなかったものだが、建築と自然との調和という彼のヴィジョンとは完全に一致していた。ライトはしばしば、技術の進歩を受容し、採り入れた点で「時代に先んじている」と見なされたが、自然のなかでくつろぐ人間の経験をさまざまな仕方で減少させた現代的な産業の時代の〔自然をたんに手段とみなす〕道具的要素には、絶対的な反対の姿勢を取りつづけた。こうした要素の主要なものは土地投機と投機的な建築であった。ライトはこれらを、それじたいとして悪であり不自然なことだと信じた。そして典型的なアメリカの郊外においては、「建築およびそれと同類のものは、当然のこととして、自然と分離させられる。それは建築を商売の種にするためである。建築はいまや投機的な商品である」(10)。

ライトの設計／デザインは、自然な土地の形態と人間による敷地の占有の歴史の双方に、かかわりをもっていた。彼は農業（世話をし、そして耕す／教化すること）と建築（建物を立て、そして啓発／教化すること）は、大地の上での相互に関連した人間の活動――風景を管理・世話し、作り変えることであった。一九三五年に設計されたブロードエイカー・シティは、混雑する伝統的な都市にたいする、ライトの最大のそして最も包括的な反対提案であったが、それはまた同時に、農業的な生活を〔伝統的な都市から〕切り離してしまうことと投機的な郊外開発の両者にたいする反対提案でもあった。ライトにとっては、文化 culture と耕作 cultivation は密接に結びついていた。そして社会の文化のレベルは、その社会の風景の耕作のレベルに直接に示されていた。「あなたがたは環境がその社会を的確に反映していることを見いだすだろう[11]」。最も根本的なレベルで、ライトは、自然環境は日常の家庭生活のなかに組み込まれてその一部となるべきだと信じた。彼の設計／デザインのひとつひとつは、「敷地の不可欠の一部であり、環境の不可欠な一部であって、また、住む人の生活の不可欠な一部であるところの、自然な成果である」ように意図されていた[12]。

注

（1） 'Architecture and Modern Life', *Collected Writings*, vol. 3, p. 222, 1937.
（2） Ralph Waldo Emerson, 'Prudence', *Emerson's Essays*, New York: Harper & Row, p. 166, 1926, 1951.
（3） Emerson, 'The Poet', ibid., p. 269.
（4） Wright, *The Natural House*, New York: Horizon Press, p. 135, 1958.
（5） 'Architecture and Modern Life', p. 223.
（6） 'In the Cause of Architecture', *Collected Writings*, vol. 1, p. 95, 1908.
（7） *The Natural House*, p. 50.
（8） Ibid., p. 53.
（9） Ibid., pp. 175-8.

(10) 'Architecture and Modern Life', p. 237.

(11) 'Concerning Landscape Architecture', *Collected Writings*, vol. 1, p. 57, 1900.

(12) *The Natural House*, p. 134.

＊「樹木に基礎をもつ、片持ち梁りで支えられた摩天楼」——ライトは自然の諸要素の基本構造を研究し、樹木は、幹を中心とし、片持ち梁りで枝を支える構造になっていると理解した。そして摩天楼はまさしくこうした基本的構造になっていると、いろいろなところで述べているという。以上はこの章の執筆者であるマッカーター氏に教えてもらったことである。なお、片持ち梁りとは、梁を二本の柱で支えるのでなく、片側の一本の柱だけで支える（逆L字型の）構造のことを言う。

→エマソン、ソロー、ラスキンも見よ。

■フランク・ロイド・ライトの主要な建築作品

ラーキン・カンパニー・ビルディング（現存せず）、バッファロー、ニューヨーク州、一九〇三年。

ダーウィン・マーティン・ハウス、バッファロー、ニューヨーク州、一九〇四年。

ユニティ・テンプル、オーク・パーク、イリノイ州、一九〇五年。

エイヴリィ・クーンレイ・ハウス、リバーサイド、イリノイ州、一九〇七年。

フレデリック・ロビー・ハウス、シカゴ、イリノイ州、一九〇七年。

フランク・ロイド・ライト・ハウス／スタジオ、《タリアセン》、スプリング・グリーン、ウィスコンシン州、一九一一－二五年。

ミッドウエイ・ガーデンズ（現存せず）、シカゴ、イリノイ州、一九一三年。

帝国ホテル（現存せず）、東京、日本、一九一四－二二年。

アリーン・バーンズドール《ホリィホック》ハウス、ロサンジェルス、カリフォルニア州、一九一九年。

サミュエル・フリーマン・ハウス、ロサンジェルス、カリフォルニア州、一九二三年。

エドガー・カウフマン・ハウス、《落水荘》、ミル・ラン、ペンシルヴァニア州、一九三五年。

ジョンソン・ワックス・ビルディング、ラシーン、ウィスコンシン州、一九三五、一九四四年。

ハーバート・ジェイコブズ・ハウス、マディソン、ウィスコンシン州、一九三六年。

フランク・ロイド・ライト・ハウス／スタジオ、《タリアセン・ウエスト》、スコッツデイル、アリゾナ州、一九三七年。

フロリダ・サザン・カレッジ、レイクランド、フロリダ州、一九三八－五九年。

グッゲンハイム・ミュージアム、ニューヨーク、一九四三－五九年。

H・C・プライス・カンパニー・タワー、バートルズビル、オクラホマ州、一九五二年。

ベス・ショローム・シナゴーグ、エルキン・パーク、ペンシルヴァニア州、一九五四年。

マリン・カウンティ・シビック・センター、サン・ラファエル、カリフォルニア州、一九五七年。

■フランク・ロイド・ライトの主要著作

Frank Lloyd Wright: Collected Writings, ed. Bruce Brooks Pfeiffer, New York: Rizzoli, 1992-5: vol. 1: 1894-1930 (1992), vol. 2: 1930-1932 (1992), vol. 3: 1937-1939 (1993), vol. 4: 1939-1949 (1994), vol. 5: 1949-1959 (1995).

編者略歴

(Joy A. Palmer)

ダラム大学教育学教授および副学長．ダラム大学の環境学習リサーチ・センター理事．国立環境教育協会副会長．教育と交流に関するIUCN委員会会員．著書に *Environmental Education in the 21st Century*, 1998; *Handbook of Environmental Education*, 1994, 編著に *Spirit of the Environment*, 1998; *Just Environment*, 1995; *The Environment in Question*, 1992（以上いずれもRoutledge）などがある．

訳者略歴

須藤自由児〈すどう・じゆうじ〉 1945年，新潟県生まれ．東京大学工学部原子力工学科卒業．通産省に2年間勤務．その後，東京大学文学部倫理学科卒業．1981年，同大学院人文科学研究科博士課程修了．跡見学園女子大学非常勤講師などを経て，1992年より松山東雲女子大学人文学部勤務．現在人間心理学科教授．倫理学（生命倫理，環境倫理），教育思想史，科学史·科学論などを担当．著書に丸山徳次編『応用倫理学講義2　環境』（共著，岩波書店，2004年），『愛媛の公共事業——山鳥坂ダムと中予分水を考える』（創風社出版，2001年），川本隆史·高橋久一郎編『応用倫理学の転換』（共著，ナカニシヤ出版，2000年），加藤尚武編『環境と倫理』（共著，有斐閣，1998年），訳書にC・マーチャント『ラディカル エコロジー』（共訳，産業図書，1994年）など．

ジョイ・A・パルマー編
環境の思想家たち 上——古代－近代編
須藤自由児訳

2004年9月 7 日 印刷
2004年9月17日 発行

発行所 株式会社 みすず書房
〒113-0033 東京都文京区本郷5丁目32-21
電話 03-3814-0131(営業) 03-3815-9181(編集)
http://www.msz.co.jp

本文組版 プログレス
本文印刷所 理想社
扉・表紙・カバー印刷所 栗田印刷
製本所 誠製本

ISBN 4-622-08161-X